雑草群落保全のために栽培されているライムギとそこに生育する希少雑草
(2013年6月,ドイツのカストナー・グリューベにて撮影:山田晋.本文4.3節参照)
左下:*Legousia speculum veneris*,右下:*Centaurea cyanus*

身近な雑草の生物学

根本正之
＋
冨永　達
［編著］

朝倉書店

執筆者

＊根本正之（ねもとまさゆき）	東京大学大学院農学生命科学研究科 附属生態調和農学機構
＊冨永　達（とみながとおる）	京都大学大学院農学研究科
彦坂幸毅（ひこさかこうき）	東北大学大学院生命科学研究科
長嶋寿江（ながしまひさえ）	東北大学大学院生命科学研究科
沖　陽子（おきようこ）	岡山大学大学院環境生命科学研究科
藤井義晴（ふじいよしはる）	東京農工大学大学院農学研究院
吉岡俊人（よしおかとしひと）	福井県立大学生物資源学部
小林浩幸（こばやしひろゆき）	農業・食品産業技術総合研究機構 東北農業研究センター環境保全型農業研究領域
山田　晋（やまだすすむ）	東京大学大学院農学生命科学研究科 附属生態調和農学機構
西田智子（にしだともこ）	農業環境技術研究所生物多様性研究領域
西脇亜也（にしわきあや）	宮崎大学農学部附属フィールドセンター
澤田　均（さわだひとし）	静岡大学農学部
保田謙太郎（やすだけんたろう）	秋田県立大学生物資源科学部
渡邉　修（わたなべおさむ）	信州大学農学部
中山祐一郎（なかやまゆういちろう）	大阪府立大学現代システム科学域
渡邊寛明（わたなべひろあき）	農業・食品産業技術総合研究機構 中央農業総合研究センター生産体系研究領域
汪　光熙（おうこうき）	名城大学農学部
黒川俊二（くろかわしゅんじ）	農業・食品産業技術総合研究機構 中央農業総合研究センター生産体系研究領域
下野嘉子（しものよしこ）	京都大学大学院農学研究科

＊は編著者

まえがき

　雑草とは，どんな植物なのだろう．雑草には，「人間が改変した環境に自然に生えてくる植物」という生態的な意味合いからと，「望まれない植物」というこれまでの雑草学の立場からの定義がある（Zimdahl, R.：Fundamentals of Weed Science, 1999）．また自然に生えてくる草本植物は，人間との関わりあいから，人間が手をつけた環境下に生える雑草と，全く人間の手が加わっていない，例えば高山のお花畑の中の山野草に大別できる．さらに雑草の生育立地は，①田畑や庭の花壇のように，人間が作出した栽培植物を中心に据えた人工的空間（農耕地）と，②植栽した植物のない水田の畦，河川の堤防，あるいは都市の空き地のような半自然的空間（非農耕地）に分けることができる．

　1910年に出版された半澤洵著『雑草學・全』にみられるように，農耕地の雑草防除を合理的に行う目的で誕生したのが雑草学である．栽培植物を育てる農耕地では，雑草は招かれざる客であり，それを排除するための実学が雑草学であった．しかし昨今では，生物多様性国家戦略（2012年）を契機に，里山の水田畦畔や河川域などの非農耕地が身近な自然とのふれあいの場として位置づけられるようになった．在来雑草の多様性に富む伝統的な畦や堤防は日本らしい景観の1つであり，保全や復元の対象となっている．そうなると，雑草研究の方向には「農耕地の望まれない存在」（排除対象）としてだけでなく，「非農耕地の守っていかなければならない存在」（保護対象）としての雑草を含めるのが妥当であろう．

　定期，不定期を問わず排除される運命にある農耕地雑草には生活史の短い一年生植物が圧倒的であり，各個体の可塑性を大きくし，個体サイズや休眠性程度のバラツキを大きくすることで生き残る戦略をとってきた．一方，何らかの方法で雑草の成長が抑制される非農耕地では多年生雑草が多くなる．抑制された後も再生可能なさまざまな雑草が生き残ることになり，それらが共存することで多様性

まえがき

のある雑草社会が形成される．非農耕地では再生力の大小と成長点の位置によって，抑制という攪乱に対する影響が異なる．

　これまで雑草に関心のある学生や研究者，多くの雑草防除に携わる人々に利用されてきた雑草学の教科書は，もっぱら農耕地雑草の生理・生態的特性や雑草害とその管理について解説したものであった．本書は以上のような背景のもと，外来植物の侵入・定着のメカニズムや，非農耕地での在来雑草の減少，昨今問題となっている耕地雑草の除草剤抵抗性など新たな雑草問題も含め，新しい雑草の生物学の基礎を学ぶ人々の入門書を目指して編集されたものである．

2014年2月

根本正之・冨永　達

目　　　次

1. はじめに …………………………………………………………………… 1
   1.1 雑草の定義 ……………………………………………[根本正之]… 1
      a. 害となる草 ／ b. 雑草の特性 ／ c. 雑草と関わりのある用語
   1.2 私たちの暮らしと雑草 ………………………………[冨永　達]… 5
      a. 防除対象としての雑草 ／ b. 資源植物としての雑草 ／ c. 遺伝資源としての雑草 ／ d. 絶滅に瀕する雑草

2. 雑草の環境生理学 ……………………………………………………… 12
   2.1 光に対する反応 ………………………………[彦坂幸毅・長嶋寿江]… 12
      a. はじめに ／ b. 光とは ／ c. 光合成のメカニズム ／ d. ストレスとしての光 ／ e. シグナルとしての光 ／ f. 強光・弱光環境への馴化応答と避陰反応 ／ g. 植物群落内の光獲得競争 ／ h. 高くなることのメリットとデメリット
   2.2 水や栄養塩に対する反応 ……………………………[沖　陽子]… 23
      a. はじめに ／ b. 水生雑草の水に対する反応 ／ c. 水生雑草の栄養塩に対する反応 ／ d. 侵略的水生雑草 ／ e. おわりに
   2.3 アレロパシーに対する反応 …………………………[藤井義晴]… 33
      a. アレロパシーとは ／ b. 雑草のアレロパシーに対する作物の反応 ／ c. 被覆植物・作物のアレロパシーに対する雑草の反応

3. 雑草の生活史 …………………………………………………………… 42
   3.1 さまざまな生育空間における生活史特性 ……………[冨永　達]… 42
      a. 雑草の生活史特性 ／ b. 都市の雑草 ／ c. 農耕地の雑草
   3.2 生活環：栄養成長と繁殖 ……………………………[冨永　達]… 52

目　次

　　a．雑草の生活環　／　b．栄養成長から生殖成長へ　／　c．雑草の繁殖
　3.3　種子散布と発芽の生物学………………………………………[吉岡俊人]…63
　　a．発芽の空間的分散：種子散布　／　b．発芽の時間的分散：種子休眠

4．**雑草の群落動態：侵入定着と生育型戦術**……………………………………76
　4.1　種の入れ換えメカニズム……………………………………[根本正之]…76
　　a．雑草群落の構造と機能　／　b．構成種の生育型戦略　／　c．侵入雑草の定着適地　／　d．利用・管理条件下における種の入れ換え　／　e．二次遷移の進行と種の入れ換え
　4.2　農耕地の雑草群落……………………………………………[小林浩幸]…90
　　a．日本の農耕地における栽培管理　／　b．耕地内個体群の周辺個体群への依存性　／　c．耕地の利用形態と雑草群落　／　d．除草剤散布と雑草群落　／　e．作目や作期と雑草群落　／　f．耕起システムと雑草群落　／　g．農耕地の雑草群落の今後
　4.3　雑草群落の利用と保全………………………………………[山田　晋]…103
　　a．作物生産向上に向けた雑草の利用　／　b．耕地雑草種の減少をもたらした要因　／　c．雑草群落を保全する　／　d．雑草群落の保全と管理の両立を図るために

5．**攪乱条件下における雑草群落の反応**……………………………………117
　5.1　雑草の除草剤抵抗性生物型の進化…………………………[冨永　達]…117
　　a．除草剤の作用機構による分類　／　b．雑草の除草剤抵抗性の進化と遺伝様式　／　c．除草剤抵抗性の機構　／　d．雑草の除草剤抵抗性生物型の適応度　／　e．除草剤耐性組換え作物の栽培における除草剤抵抗性雑草の出現
　5.2　外来植物の侵入メカニズムとリスク評価……………………[西田智子]…131
　　a．外来植物とは　／　b．外来植物の影響　／　c．外来植物の侵入段階と侵入メカニズム　／　d．外来雑草のリスク評価

目　次

事項索引……………………………………………………………148
植物名索引…………………………………………………………151

━━━━━ コ　ラ　ム ━━━━━

●ススキとオギの種間雑種……………………………[西脇亜也]… 10
●アレロパシーから開発される新しい除草剤…………[藤井義晴]… 40
●クローナル植物シロツメクサの魅力…………………[澤田　均]… 61
●タイヌビエの変異からイネの伝播経路を探る………[保田謙太郎]… 86
●温暖化とチガヤの分布変化……………………………[冨永　達]… 88
●暖温帯に分布するツクシスズメノカタビラ
　　──コスモポリタン・スズメノカタビラとの比較生態学……[渡邉　修]… 101
●オオバコ──高山植物ハクサンオオバコとの自然交雑………[中山祐一郎]… 114
●イヌホタルイ
　　──水田雑草として時代を超えて生き抜くしたたかさ………[渡邊寛明]… 127
●コナギとミズアオイの生態……………………………[汪　光熙]… 129
●イチビ──作物型と雑草型の存在……………………[黒川俊二]… 143
●輸入穀物とともに持ち込まれるライグラス種子……[下野嘉子]… 145

v

1 はじめに

1.1 雑草の定義

　雑草に対するイメージは，どう関わってきたかにより，個々人で異なるだろう．「雑」という文字には，①種々のものが入り混じること，②主要でないこと，③有用でないもの，よけいなもの，④あらくて念入りでないこと（広辞苑第五版）という意味があるので，①をとれば雑草は「さまざまな草」になるし，③をとるなら「人間の生活を害する有用でない草」となる．

　「雑草」に該当する英語は weed で，ドイツ語では Unkraut だが，いずれも①人間の息のかかった環境に自然に生えてくる植物，②望まれない植物，という2つの意味がある（Zimdahl, 1999）．

　日本語における「雑草」という言葉は，小西篤好が『農業余話』（1828）で初めて使っており，それ以前は単に「草」と呼ばれていた．前出の広辞苑第五版によれば，「自然に生えるいろいろな草．また，農耕地で目的の栽培植物以外に生える草」とされており，人間が栽培目的で育てる以外の，自然に発生するすべての草を指すことになる．一方で，雑草は「場違いの植物」であるという定義もよく使われてきた（King, 1966）．

　本書では，「私たちが何らかのかたちで利用あるいは管理している場所に，私たちの意図とは無関係に自然発生してくる一群の植物」を雑草と定義する．したがってその範囲は，「雑草＝害草」として扱う場合よりかなり広くなる．

a．害となる草

　種々ある雑草の定義は，大きく，①問題となる種に対する人間の反応に関わるものと，②その種の生態的特性に基づくものに分けることができる（King, 1966）．①には，私たちにとって迷惑なものとして雑草をとらえる，上述した「場違いの植物」や，「著しく繁殖することで他の価値ある植物をだめにする植

1. はじめに

物」（Brenchley, 1920），「望まれないところに生える植物」（Hance and Holly, 1990），「人間の活動や福祉にとって好ましくないか，それを妨害するすべての植物」（Korres, 2005）などがある．わが国の雑草学の金字塔といわれる『雑草學・全』（半澤，1910）でも，「人類の使用する土地に発生して，人類に直接あるいは間接に損害を与えるところの植物」を雑草と定義した．

いずれも雑草を人間にとって害となる植物としてとらえているが，その具体的内容としては以下のようなことが考えられる．

- 競争，多感作用，寄生などによって作物や保全の対象となる在来植物に損害を与える．
- 有毒物質を含み家畜に被害を及ぼす．
- 河川や水路の流れを妨げ，灌漑水量を制限する（水生雑草）．
- 船舶の航行を妨害する（水生雑草）．
- 花粉アレルギーや皮膚炎を発症する．
- 生物多様性，種の豊富さ，生態系の機能に影響を及ぼす．

作物を栽培する農耕地に発生した耕地雑草は作物と競争関係にあり，作物収量を減少させ，農耕地の経済価値を低下させると考えられているが（草薙，1994），実は耕地内には，ある時点まで作物収量に関係してこない「許容限界量」以下の雑草も存在する（川廷，1962）．さらに牧草地や農耕地周辺には，その生育型の特性から，牧草や作物に悪影響を与えることなく，土壌表層を被覆して，大型強害草を含む他からの雑草侵入を抑える小型雑草が存在する（根本・大塚，1998）．

明らかに損害を与える雑草でも，他の側面に着目し，その存在によって好ましい結果を生むことを発見できれば，それを利活用する場合も多い．雑草の利用は昔から行われており，最も一般的な例として，農耕地に発生した雑草を抜き取って枯らした後，再び有機物として畑に還元することがあり，極めて合理的な利用法である．他にも，半澤（1910）では，雑草には時と場合によっては食用，薬用，飼料，観賞に供するなどの効用を発揮するものもある，と述べられているし，著名な植物学者の牧野富太郎も『雑草の研究とその利用』（1920）を出版し，百数十種の雑草の利用法を検討している．

近年でも，湿性雑草のクサヨシ，ヒメガマ，ツルヨシなどの水質浄化機能に着目した生活排水処理プラントの構築（Oki, 1992）や，世界中で問題になっている代表的な18種の雑草の中で，7番目にランクされているチガヤ（Holm *et al.*,

1977)の根系がよく発達することに着目し,適切な刈り取り管理のもと,堤防法面の緑化資材として導入するための研究が行われている.以上のように,雑草は害を及ぼす植物であると定義した場合でも,生えている場所や土地の利用目的,あるいは植物の生育状態が違えば,一般に雑草といわれている植物が「益草」となる場合がある.

ところで上記とは逆に,たとえ作物であっても輪作体系で前年に栽培したものの種子が発生した場合は,雑草になるといえる.

b. 雑草の特性

雑草の生態的な特性に関する定義に共通する点は,本書の定義も含め,何らかの攪乱条件下で生活するということである.人間による土地の利用や管理は原生自然を攪乱することに他ならないし,攪乱の具体的内容は当該雑草の生育する場所の利用や管理の方法で大きく異なる.

雑草の特性が詳細に調べられている農耕地の耕地雑草と作物の生態的特性の違いを,表1.1に示す.農耕地生態系では,作物の高い生産力を発揮させる目的で施肥や灌漑を行うため,他の生態系より環境ストレスの少ない場となっている.一年生作物の栽培において,作物の定着後の数週間は,土壌中に必要とする栄養塩は十分にあるので作物-雑草間の競争は起こりにくい.したがって,種子サイ

表1.1 耕地雑草と作物の生態的特性（Mohler, 2001）

特性	耕地雑草	作物
最大相対成長率（g/gd）	非常に高い	高い
初期の成長率（g/d）	低い	高い
耐陰性	低い	低い
栄養塩ストレス耐性	低い	低い
栄養塩吸収率	非常に高い	高い
種子の大きさ	大部分は小さい	大部分は大きい
定着のための広さ	大部分は小さい	大部分は大きい
再生産効率	高い	作物で異なる
季節的な生得の種子休眠	しばしば	非常にまれ
耕作がきっかけとなる光量・温度変化に反応した発芽	一般的	まれ
埋土種子の寿命	しばしば長い	通常は短い
散布の方法	大部分は人間	人間による

1. はじめに

ズが小さく初期の成長率が小さい雑草でも，相対成長率が大きければ作物との競争に勝つ可能性は十分ある．ただし耕地雑草は耐陰性に乏しいので，土壌中の栄養塩が不足するようになってからでは，作物との競争に勝つことは難しい．

種子サイズの小さい耕地雑草は，限られた資源から多くの種子の生産を可能にする上，種子には休眠性がある．そのため，生育期間中の突発的な耕起や予測不可能な天候不順などの影響を受けても，当該個体群の全滅を免れることができる．

c. 雑草と関わりのある用語

広義の雑草は，それをどういった範囲や視点で扱うかで，移住者（colonizer），外来植物（alien plant），帰化植物（naturalized plant）など，色々な用語に置き換えることができる．

耕作放棄地の二次遷移初期に侵入してくる草本植物は雑草といえるが，生態学の視点からは移住者でもある．移住者的な植物は休眠性がなく，発芽のための特別な要求を欠き，自家和合性を示すものが多い．

道端，土捨て場など農地以外の人為的攪乱が多い土地に主として発生する植物は，ruderalと呼ばれる．これがそのまま「人里植物」という用語に対応するわけではなく，むしろ人里植物は人里に生育する植物全般の総称として用いることも多い．

［根本正之］

● 引用文献 ●

Brenchley, W. E.：Weeds of Farm Land, Longmans, Green and Co., 1920.
Hance, R. J. and Holly, K.（eds.）：Weed Control Handbook：Principles, Blackwell Scientific Publications, 1990.
半澤 洵：雑草學・全，六盟館，1910.
Holm, L. G., Plucknett, D. L., Pancho, J. V. and Herbeger, J. P.（eds.）：The World's Worst Weeds：Distribution and Biology, The Univ. Press of Hawaii, 1977.
川廷謹造：東大農場研報，(1), 1-163, 1962.
King, L. J.：Weeds of the World：Biology and Control, pp. 1-31, Leonard Hill, 1966.
Korres, N. E.：Encyclopaedic Dictionary of Weed Science：Theory and Digest, Lavoisier Publishing, 2005.
草薙得一：雑草管理ハンドブック（草薙得一・近内誠登・芝山秀次郎編），pp.1-6，朝倉書店，1994.

Mohler, C. L. : Ecological Management of Agricultural Weeds（Liebman, M., Mohler, C. L. and Staver, C. P. eds.）, pp.40-98, Cambridge Univ. Press, 2001.
根本正之・大塚俊之：雑草研究, **43**（1）, 26-34, 1998.
Oki, Y. : *Proc. 1st Int. Weed Control Congr.*, **2**, 365-371, 1992.
Zimdahl, R. L. : Fundamentals of Weed Science（2nd edition）, pp. 13-39, Academic Press, 1999.

1.2　私たちの暮らしと雑草

　雑草は，多くの人にとって普段は気にも留めない植物であるが，誰もが毎日必ず一度は目にしている，最も身近な植物でもある．私たちの暮らしとの関わりという観点からみると，1.1節で述べられているように，雑草と関わる側の立場や場面によってさまざまな側面をもっていることがわかる．すなわち，害草として排除の対象となる場合もあれば，資源植物として利用される場合もあるし，貴重な遺伝資源として作物の品種改良の素材になることもある．生態学的には，都市や農村など，予期せぬ攪乱が頻繁に生じる生態系の重要な一要素でもある．
　本節では，雑草のこれらの側面を私たちの暮らしとの関わりから概説する．

a．防除対象としての雑草

　雑草は多くの場合，害草として排除の対象となる．特に農耕地では，人間が作物を保護しないと，雑草は作物と養水分や光をめぐって競争し，同等かそれ以上に生育することになる．十分に管理されている現在のイネやコムギ，ダイズ，トウモロコシなどの主要作物の栽培体系においてさえも，雑草との競争による減収率は10～20％になるという．
　雑草は作物の減収をもたらすと同時に，病虫害の中間宿主となることで収穫物の品質も低下させる．さらに，雑草が繁茂すれば農作業の障害にもなる．農耕地における雑草害については4.2節に，外来雑草については5.2節に詳述されているので参照してほしい．また，非農耕地における雑草害については，1.1節に記述されている．
　こういった雑草による害を避けるためには，適切な防除手段を講じることが必要だが，当然労力が必要となり，コストも生じる．例えば耕地雑草は，作物の栽

1. はじめに

培に伴う一連の耕種操作に対して高度に適応した生活史特性をもっている．また，日本に侵入した外来雑草すべてが定着し分布を拡大しているわけではなく，攪乱に対し高度に適応した生活史特性をもった雑草だけが繁茂しているのである．雑草の防除が困難な理由はここにある．

b．資源植物としての雑草

a項で述べたように，雑草は害草として防除すべき対象であるが，一方ではさまざまな場面で利用される資源植物でもある．

雑草には作物に起源する種もあり，シロザやヒユ類など食材として利用されているものも多い．嗜好品あるいは珍味としての利用のほかに，非常時への備えとして，食べられる雑草の知識をもっていることは必要かもしれない．またイネ科雑草は，主に家畜の飼料として利用されてきた．さらに，雑草はその植物体が直接さまざまな資材としても利用されている．例えば，ススキやチガヤは屋根を葺く材料（図1.1）や製紙原料になっている．

近年では，従来から利用されてきた外来イネ科牧草などが逸出し，在来生態系を攪乱する事例が生じていることから，2004年に「特定外来生物による生態系等に係る被害の防止に関する法律（外来生物法）」が制定され，チガヤなどの在来種を緑化植物として利用することが検討されている．こういった場合においても，地域性を考慮し，遺伝的攪乱を生じさせない配慮が必要である．

富栄養化した水中の窒素やリンを水生雑草によって除去する試みや（桜井，1988），マツバイを利用して水中の有害な重金属を吸収させる試み（Sakakibara

図1.1 屋根を葺くために編まれたチガヤとその家屋（タイ北部で撮影）

et al., 2009)，畑雑草による土壌中のカドミウム吸収量を比較した実験など（Abe *et al.*, 2008)．雑草を利用した環境の修復や保全に資する研究も行われている．

サトウキビやトウモロコシなどの食用作物，飼料作物をバイオ燃料として利用すると，食料や飼料としての利用と競合するため，スウィッチグラス（キビ属）やススキなど，バイオマス生産が大きい雑草を利用する可能性についての研究も進んでいる．

c．遺伝資源としての雑草

作物は，野生植物から直接栽培化される場合よりも，攪乱環境に適応した雑草から栽培化される場合が多い（阪本，1995）．例えばカラスムギやライムギは，ムギ類の随伴雑草から栽培化されたものである．

作物の祖先野生種や近縁野生種である雑草は，耐乾性や耐寒性，耐暑性，耐塩性などの環境ストレスへの耐性や，耐病性・耐虫性，広域適応性，早生形質や作物の品質を向上させる形質などさまざまな有用形質をもち，遺伝資源としても重要な素材である（図1.2）．作物の起源地では，これらの雑草と作物との間で遺伝的交流が普通に生じている．

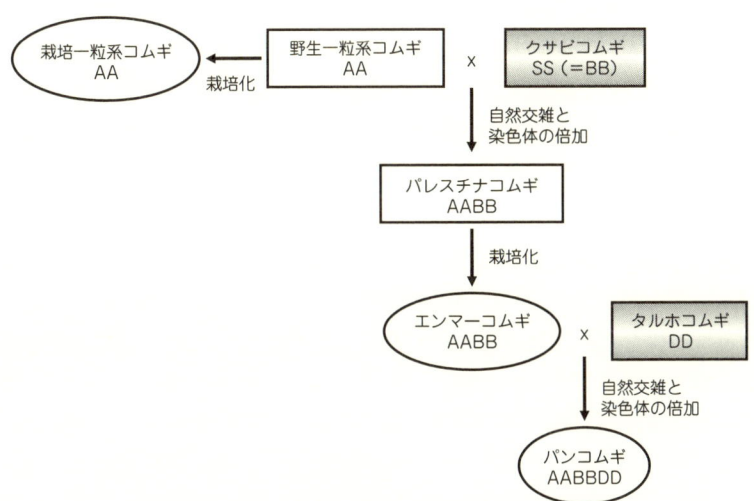

図1.2 コムギの成立過程（阪本，1985より作成）
図中のアルファベットは，それぞれ異なるゲノムを示す．○は作物，□は直接の祖先野生種，▢は作物の成立に関与した雑草を示す．

1. はじめに

　例をいくつか挙げよう．ムギ作の雑草でパンコムギのDゲノムを供与したタルホコムギのうち，カスピ海沿岸に自生する系統は他の地域に分布する系統よりもさび病に対する抵抗性の遺伝子をもっている比率が高い（田中，1986）．外来雑草でレタスと同属のトゲヂシャは，夏季にアスファルトやコンクリートの隙間にも生えうる強い耐暑性を有するが，この形質をレタスに付与した耐暑性品種が開発されている．また，ミズタカモジをムギ類の耐湿性遺伝資源として利用する研究も行われている（Kubo *et al.*, 2007）．さらに，コムギの半数体を作出するためにチガヤの花粉が利用されることもある（Chaudhary *et al.*, 2005）．

d. 絶滅に瀕する雑草

　耕地雑草は，農耕地における作付体系や耕種操作にその生活環を同調させ，さまざまな生活史特性を高度に進化させてきた．しかし，作付体系や耕種操作が急激に変化すると，雑草の進化速度がその変化に追い付かずに絶滅したり，絶滅の危機に瀕する．その傾向は日本では特に水田雑草で顕著で，『改訂 近畿地方の保護上重要な植物』(2001) には28種の水田雑草が挙げられている．これらが絶滅したり絶滅の危機に瀕しているのは，水稲用除草剤の使用よりも，むしろ水田の乾田化や水稲の栽培様式の急激な変化が原因である場合が多い．

　水稲作を取り巻く近年の社会情勢の変化や，生産コストの削減，省力化などの理由で乾田化が進むとともに，田植えと稲刈りの時期がそれぞれ1か月～1か月半程度早まっている．この水稲栽培の早期化は，水稲栽培に伴う耕種操作に生活環を同調させてきた水田雑草の種子形成を不可能にする（図1.3）．

　例えば越年生であるミズタカモジは，出穂に関する日長反応性が長日性であるため，春に出穂，結実する．従来，田植えに備えた耕耘と代掻きはこの結実の後に行われてきたが，現在では田植えの時期が早まることで，出穂前に耕耘，代掻きされることになり，植物体が土中に鋤込まれてしまうため，ミズタカモジは種子を形成することができない．また，夏生一年生雑草のスブタやヤナギスブタ，ミズオオバコは夏季の終わりに開花，結実する．従来であれば，この時期の水田にはまだ十分な水があったのだが，現在では稲刈りの早期化と水田の乾田化によってすでに落水されており，これらの雑草は乾燥によって枯死し，種子を形成することができない．さらにスズメノテッポウの水田型は，稲刈りの時期が早まったことによって落水の時期も早まり，今までよりも早く発芽するため，年内に植

1.2 私たちの暮らしと雑草

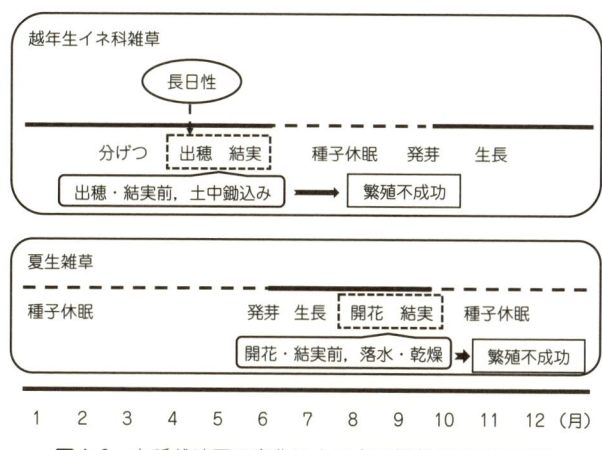

図1.3 水稲栽培暦の変化による水田雑草の繁殖不成功

物体が大きくなる．すると，出穂に関する日長反応性が中性であるため，冬季に出穂，開花することになり，寒さで穂が障害を受けて種子を生産できない．

日本の水稲栽培農家の極めて丁寧で頻繁な手取り除草に適応し，水稲に対する植物体の擬態を獲得したタイヌビエ（四倍性）は，手取り除草が行われなくなり，除草剤が使用されるようになった現在ではその個体数が急減している．遺伝的変異が大きいイヌビエ（六倍性）が，現在でも水田でよくみられるのとは対照的である．また，休耕田や放棄田では攪乱がないために，ヨシなどの大型の競争的な種が侵入し，競争力に劣る水田雑草が生存・繁殖できなくなってしまう．

いわゆる伝統的な水稲作に高度に適応してきたこれらの水田雑草は，イネの栽培様式の急激な変化にその進化速度が追いつかず，絶滅の危機に瀕している．

［冨永　達］

● 引用文献 ●

Abe, T., Fukami, M. and Ogasawara, M.：*Soil Sci. Plant Nutr.*, **54**, 566-573, 2008.

Chaudhary, H. K., Sethi, G. S., Singh, S., Pratap, A. and Sharma, S.：*Plant Breeding*, **124**, 96-98, 2005.

Kubo, K., Shimazaki, Y., Kobayashi, H. and Oyanagi, A.：*Plant Prod. Sci.*, **10**, 91-98, 2007.

Sakakibara M., Harada, A., Sano, S. and Hori, R. S.：*Geo-pol. Sci., Med. Geol. & Urban*

1. はじめに

Geol., **5**, 1-9, 2009.
阪本寧男：遺伝, **39**, 71-79, 1985.
阪本寧男：講座地球に生きる 4 自然と人間の共生―遺伝と文化の共進化（福井勝義編）, pp.17-36, 雄山閣, 1995.
桜井善雄：公害と対策, 増刊, 67-77, 1988.
田中正武：遺伝, **40**, 10-15, 1986.

●コラム● **ススキとオギの種間雑種**

　中国，韓国，日本などの東アジアに自生する二倍体ススキと四倍体オギとの自然交雑種である三倍体ジャイアントミスカンサスは，両親を凌ぐ高い乾物生産性を有する．これはそもそも，デンマークの植物コレクターが1935年に横浜からヨーロッパへ観賞用植物として持ち出したものであり，欧州や北アメリカなどの中緯度地域では無施肥でも極めて高い生産力を示し，持続的なバイオマス資源作物として最も有望な植物の1つであると考えられている．
　これまでの欧米での研究成果から，ジャイアントミスカンサスは，①低温下での高い光合成能をもつC_4植物で，②生育サイクルの永続性，③持続的で効率的な窒素やリンなどの栄養養分循環，④高いエネルギー効率（生産/投入），⑤地下部への炭素固定などの優れた特性をもっており，バイオマス生産には非常に優れていることが報告されている．二倍体のススキや四倍体のオギでは種子や花粉ができるため，外国で栽培する場合，飛散して他の生態系に影響を与える外来種となる危惧がある．しかし，染色体数が奇数である三倍体の場合は花粉や種子ができず，株分けで増殖するので，侵略的な外来種となる心配がないことも栽培上の大きなメリットになっている．
　1960年代にデンマークでその高効率性が認められ，1970年代のオイルショック以降には欧米各国に広がり，優れたバイオマス生産に関する研究が展開されている．しかし，ススキとオギ間の種間交雑は実は簡単ではなく，既存のジャイアントミスカンサスは自然交雑由来の唯一の遺伝子型であることが知られている．そのため，世界中でたった1つのクローンだけが栽培されていることになり，遺伝変異がなく，病気や害虫による絶滅リスクが高いことが懸念されている．
　新しい三倍体雑種が発見されれば，このリスク回避に大いに寄与できるだろう．そこで筆者らは全国のススキとオギの個体をそれぞれ数多く収集し，フローサイトメト

リー分析により調査したものの，なかなか新しい三倍体雑種は見つからなかった．しかし，とうとう宮崎県串間市のオギから収穫した種子に，3個体の三倍体個体を発見した（Nishiwaki et al., 2011）．葉緑体DNA，核DNAのITS領域そして外部形態を検討した結果，これら三倍体個体はススキとオギの性質をあわせもつことから，新たな自然雑種であることが確認されたのである（Dwiyanti et al., 2012）．これらの三倍体雑種から，今のジャイアントミスカンサスよりも有用性の高い個体が見出され，今後の有望なエネルギー作物に育つことが期待されている．

ところで，全国5か所のススキとオギの混在地から採取されたススキとオギの成個体および種子由来の発芽実生についてフローサイトメトリー分析を行ったところ，オギ種子の発芽実生からは数十個体の三倍体雑種が発見されるものの，ススキ種子の発芽実生とススキとオギの成個体には発見されなかった．また，ススキを種子親，オギを花粉親としてドイツで行われた人工交雑実験によって複数の種子が得られたが，この種子から得られた個体のAFLPバンドパターンはほぼ種子親個体と一致し，雑種個体ではなくススキであったとする報告もある（Greef et al., 1997）．

なぜこのような現象が生じるのであろうか？　ススキ属植物は自家不和合性植物であることが知られているが，和合性のある他種花粉の受粉により自家不和合性が打破されて自殖が誘導される現象（メンター効果）によって，交雑が生じにくくなっているのかもしれない．今後は，この現象と生殖的隔離についてより詳細に検討し，どのような植物にこのような現象が存在するのかを確かめる必要があるだろう．

［西脇亜也］

● 引用文献 ●

Dwiyanti, M. S., Rudolph, A., Swaminathan, K., Nishiwaki, A., Shimono, Y., Kuwabara, S., Matuura, H., Nadir, M., Moose, S., Stewart, J. R. and Yamada, T.：*Bioenerg. Res.*, 6, 486-493, 2012.

Greef, J. M., Deuter, M., Jung, C. and Schondelmaier, J.：*Genet. Res. Crop Evol.*, 44, 185-195, 1997.

Nishiwaki, A., Mizuguti, A., Kuwabara, S., Toma, Y., Ishigaki, G., Miyashita, T., Yamada, T., Matuura, H., Yamaguchi, S., Rayburn, A. L., Akashi, R. and Stewart, J. R.：*Amer. J. Bot.*, 98, 154-159, 2011.

2 雑草の環境生理学

2.1 光に対する反応

a. はじめに

　光が植物に与える影響は，大きく3つに分けることができる．1つは資源としての役割である．寄生植物などごく一部の例外を除き，ほぼすべての植物は光をエネルギー源とし，生存・成長・繁殖を行っている．2つ目はストレス要因である．光は足りなければ困る資源であるが，ありすぎても植物に悪影響を与える．3つ目は情報としての役割である．植物は光シグナルを介して季節や隣接個体の存在など，さまざまな環境の情報を得ている．

　本節では，雑草を含む高等植物の，光に対する生理学的メカニズムから生態学的意義までを概説する．

b. 光とは

　光は太陽が放射する電磁波の一部である．電磁波は波長によって分類され，植物に関係する波長には，紫外線（400 nm 以下），可視光あるいは光合成有効放射（400～700 nm），遠赤色光（近赤外光：700 nm 以上）などが挙げられる（図2.1）．紫外線はDNAやタンパク質にダメージを与え，可視光は光合成によって利用される資源であり，そして遠赤色光は主にシグナルとして利用される．

　太陽放射は可視光にピークがある波長組成をもつ（6000 Kの黒体放射にほぼ等しい）．光の強さは，全放射を扱う場合にはジュール（J）やワット（W）といったエネルギー量によって表される．大気圏外において，太陽に垂直な $1\,m^2$ の面が1秒間に受け取る全エネルギーは $1.37\times10^3\,J/m^2\,s$ で，これを太陽定数という．大気や大気中の塵による吸収・散乱が起こるため，実際に地表に届くエネルギーはこの半分である．さらに，太陽の角度や地表の角度によって土地面積あたりの受光量は変化する．

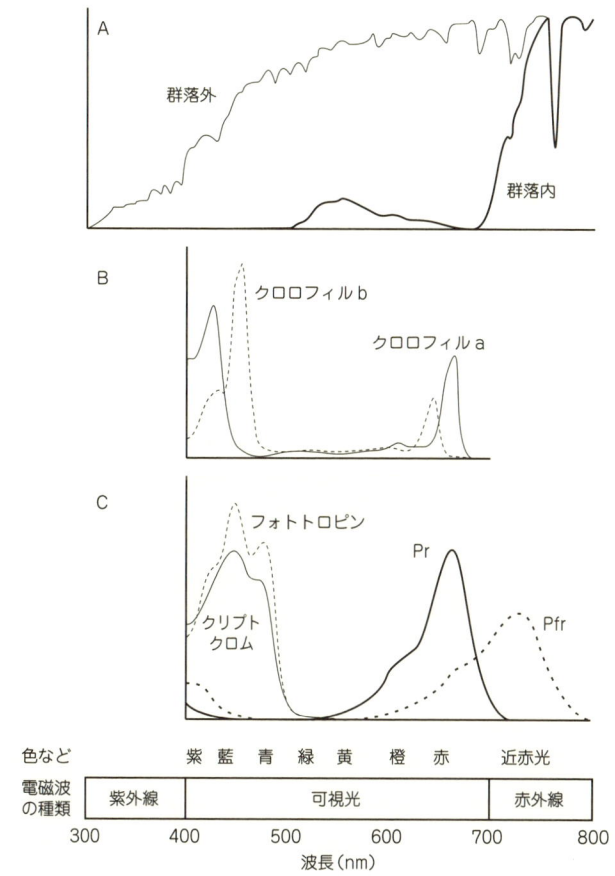

図2.1 植物と光（Kendrick and Kronenberg, 1994 を改変）
A：植物群落に降り注ぐ光（群落外）と葉群を通過した光（群落内）の波長．
B：クロロフィル a と b の吸収スペクトル．C：光受容体の吸収スペクトル．
Pr はフィトクロムの赤色光吸収型，Pfr は遠赤色光吸収型．

　光合成に着目する場合は光合成有効放射のみを扱い，エネルギーではなく光量子のモル数によって表す．これは，光合成反応がエネルギー量ではなく光量子の数に依存して進むためである．日本の晴天南中時には，光合成有効放射は 2000 µmol/m² s 前後の値に達する．これは，多くの植物で光合成速度を飽和させられるだけの強い光である．

c. 光合成のメカニズム

　光合成は，光エネルギーを利用して CO_2 を同化し糖を生産する代謝経路であり，陸上植物では細胞内小器官である葉緑体において行われる．光合成については専門書が多数刊行されているので，本項では簡潔な説明に留める．

　光合成は，光合成色素であるクロロフィルが光量子を吸収することによって始まる．クロロフィルは光を吸収すると励起され，そのエネルギーが光化学系の反応中心に伝達されることで光化学反応に利用される．陸上植物はクロロフィル a とクロロフィル b の2種類の分子をもつ．いずれも青と赤に吸収極大をもち，緑の光を吸収しにくい（図2.1B）．葉が緑色にみえるのは，緑の光が反射・散乱されてくるためである．ただし，緑の光も相対的に吸収されにくいというだけであり，光合成に利用されないわけではない．

　陸上植物は，光化学系Ⅰ，Ⅱという2種類の光化学系をもつ．光化学系の反応中心は励起エネルギーを受け取ると電子を放出し，さまざまな過程を経て，最終的にニコチンアミドジヌクレオチドリン酸（NADPH）の生産やアデノシン三リン酸（ATP）の合成に利用される．電子を失った反応中心には，新たに水分子を分解することによって電子が補充される．光合成により放出される酸素は，このとき分解された水からのものである．

　このように合成された NADPH からの還元力（電子）と ATP からのエネルギーを利用して CO_2 から糖が合成されるが，その経路は植物によって異なる．維管束植物（約23万種）の8割以上は C_3 型光合成回路をもち（C_3 植物），カルビン-ベンソン回路のみによって CO_2 を固定する（図2.2A）．CO_2 はリブロースビスリン酸（RuBP）に結合し，2分子のホスホグリセリン酸（PGA）が生産される（カルボキシル化反応）．最初の生成物である PGA が炭素を3つもつ物質であることから，C_3 回路と呼ばれている．さらにホスホグリセリン酸からは糖リン酸（トリオースリン酸）が生産される．このトリオースリン酸の1/6からショ糖やデンプンが合成され，残りは RuBP の再合成に使われる．

　RuBP カルボキシル化反応は，リブロースビスリン酸カルボキシラーゼ/オキシゲナーゼ（ルビスコ）という酵素によって触媒される．ルビスコは RuBP のカルボキシル化だけでなく，酸素化反応（オキシゲネーション）も触媒する．酸素化反応により1分子の PGA と，炭素を2つしかもたない有害な物質であるホスホグリコール酸（PG）が生じる．この PG を除去する過程が光呼吸であり，

2.1 光に対する反応

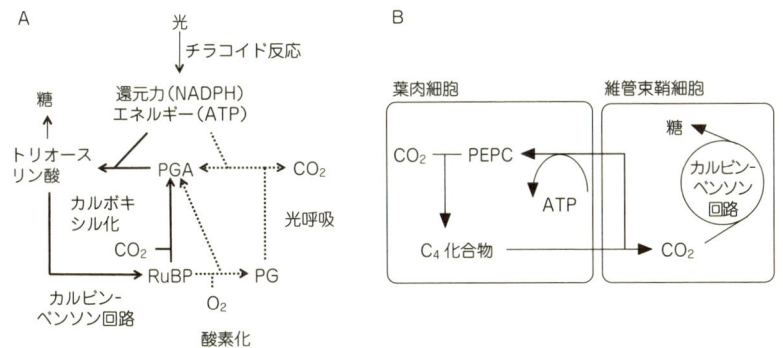

図 2.2 CO_2 固定の仕組み
C_3 型光合成 (A) と C_4 型光合成 (B).
C_3 型植物：シロザ，タデ類，オナモミ，イチビなど．C_4 型植物：メヒシバ，チガヤ，ギョウギシバ，オヒシバ，エノコログサ，イヌビエ，コニシキソウ，タイヌビエなど．

エネルギーや還元力が消費され，さらに酸素の吸収と CO_2 の放出が起こる．また，酸素化反応は O_2 濃度が高く CO_2 濃度が低いほど起こりやすい．現在の大気環境における C_3 型光合成では，カルボキシル化によって取り込まれた CO_2 の 10〜20% が光呼吸によって失われる．

　光呼吸によるエネルギーや炭素のロスを防ぐために進化したのが，C_4 型光合成である（図 2.2B）．C_4 型光合成では，最初の CO_2 固定反応はルビスコではなく，葉肉細胞に存在するホスホエノールピルビン酸カルボキシラーゼ（PEPC）によって触媒される．ここでの最初の産物が C_4 化合物であるため，C_4 型光合成と呼ばれる．C_4 化合物は葉肉細胞から維管束鞘細胞と呼ばれる細胞に運ばれ，脱炭酸反応によって CO_2 を放出し，再び葉肉細胞に戻る（C_4 回路）．C_4 回路が回ると，維管束鞘細胞内に CO_2 が濃縮される．維管束鞘細胞内にはカルビン–ベンソン回路があり，CO_2 から糖を固定する．CO_2 の濃縮によりカルボキシル化反応が促進されるとともに酸素化反応が阻害され，CO_2 固定の効率が上がる．このため C_4 植物は高い光合成能力をもつことができる．C_4 植物は現在約 8000 種が知られている．

　このほかに，CAM（crassulacean acid metabolism：ベンケイソウ型酸代謝）植物と呼ばれるグループがある．夜に気孔を開いて PEPC によって CO_2 を固定し，リンゴ酸（C_4 化合物）を液胞に貯め込む．昼に気孔を閉じ，貯め込んでい

たリンゴ酸からCO_2を放出し，カルビン-ベンソン回路で固定する．CAM植物は蒸散が起こりやすい昼に気孔を閉じることで，水分が不足した環境に適応していると考えられ，約1万6000種が知られている．

C_4植物やCAM植物は単系統群ではなく，さまざまな分類群で独立に進化してきたものである．このうちC_4植物は，イネ科やカヤツリグサ科などの単子葉植物や，キク科やアカザ科などの双子葉植物などさまざまな分類群に出現しており，少なくとも48回独立に進化してきたと考えられている．

C_4植物は光呼吸を行わないため，高い光合成速度と成長速度をもつものが多い．また，気孔を閉じ気味にしても濃縮によって葉内のCO_2濃度を高く保つことができるため，乾燥した環境でも比較的高い成長速度を保つことができる．このような性質は農作物と競合するような環境で適しており，C_4型光合成をもつ雑草は多い．本書で取り上げられている雑草の中でも，タイヌビエ，メヒシバ，チガヤなどがC_4植物である．

C_4型光合成は優れたシステムであるが，CO_2濃縮にエネルギーを消費するというデメリットもある．このため，エネルギーが不足する弱光環境ではC_3植物に劣る．また，光呼吸は低温で起こりにくいため，相対的にC_4型光合成は低温で不利である．実際，低温地域ほどC_4植物種は少なくなる傾向にある．

d. ストレスとしての光

光は光合成に必要なエネルギー源であるが，光合成によって消費できるエネルギーには上限があり，余ったエネルギーは光合成系に傷害をもたらす．これを光阻害と呼び，主として光化学系Ⅱに起こる．光エネルギーが光化学系Ⅱに傷害を引き起こすメカニズムは未だ不明な点が多いが，現在では光化学系Ⅱに存在する水分解系の一部が光を吸収すると壊れるという説が有力である．また，クロロフィルが吸収したものの光合成で使い切れない過剰なエネルギーが活性酸素の生成につながり，生体内のさまざまなプロセスに悪影響を与えるとも考えられている．

光化学系Ⅱは光に対して脆弱であり，2000 μmol/m² s 程度の強い光を当てると，数時間で大半が壊れてしまう．しかし，それを補うだけの非常に速い修復能力をもつため，見かけ上はほとんど正常に保たれている．修復速度は低温で抑制されるため，光阻害は見かけ上低温で起こりやすい．また，光化学系Ⅱは過剰な

光エネルギーを安全に散逸させるためのシステムをいくつかもっており，強光で生育した植物ではそれらの機構が強化されている．

一部の植物では，葉緑体が強光を回避するように移動することが知られている（葉緑体運動）．強光下では光の方向に平行に並んで強い光を下に逃がすようにし，弱光下では垂直に並んでできるだけ多くの光を吸収しようとする．

e. シグナルとしての光

植物は，光を情報源として形態・生理・生活史を変化させる．代表的なものとして，光発芽性種子（3.3.b 項参照）の休眠解除，脱黄化，光屈性，避陰応答，光周性などが挙げられる．

暗所で発芽した植物は，葉の展開が抑制されて茎の伸長が促進される．また，クロロフィルをもっておらず黄化芽生えと呼ばれる（モヤシはダイズの黄化芽生えである）．黄化芽生えに光を当てると形態が変化し，葉緑体が発達する（脱黄化もしくは緑化）．

暗い環境で育つ植物に一方向から光を当てると，茎はその方向に向かって伸長する．これが光屈性であり，光が来る方向の反対側に植物ホルモンの一種オーキシンが輸送され，その部分の伸長を促進するため起こる．

植物が別の個体の影に恒常的に入ってしまうような状況（被陰という）に陥ると，茎などの伸長を促進して被陰を避けようとする避陰反応が起こる（詳細は f 項で後述）．

生物が日照時間（=光が当たる時間）の変化に反応する性質を，光周性と呼ぶ．もちろん植物の中にもこの性質を示すものがあり，長日植物・短日植物の違いにも関与している．

これらの光応答反応においては，光受容体が環境変化を感知する最初の物質である．植物はフィトクロム，クリプトクロムおよびフォトトロピンの3種類の光受容体物質をもつことが知られている．フィトクロムは，受光する光の赤色光/遠赤色光を感知し，種子の休眠解除，芽生えの脱黄化促進や胚軸伸長阻害，成熟個体の節間伸長阻害や花芽形成阻害などさまざまな反応を引き起こす．クリプトクロムは青色光を受光すると胚軸や茎の伸長を抑制する．フォトトロピンは青色光を受け，光屈性，気孔開口，葉緑体運動などを生じさせる．

2. 雑草の環境生理学

f. 強光・弱光環境への馴化応答と避陰反応

　植物群落の内部は，上層にある葉により入射光が遮られた暗い環境であり，群落によっては地表に届く光の強さは最上部の数％にすぎない．このような光環境の違いにさらされると，植物はさまざまな性質を変化させる．同一の遺伝子をもつ生物が環境によって表現型を変化させることを馴化（順化）と呼ぶ．光馴化において最も敏感に応答するのは葉の光合成系である．強光下で生育した葉は陽葉と呼ばれ，弱光下で生育した葉（陰葉）に比べ，飽和光強度における光合成速度（光合成能力）や呼吸速度が高く，葉の厚さが大きいなどの性質をもつ（図2.3）．このような性質は，強光下で成長速度を高くすることに大きく貢献する．一方，陰葉は光合成能力が低いものの呼吸速度が低いため，光補償点（光合成速度が見かけ上ゼロになる光強度）が低く，弱光下での光合成速度が高いという利点をもつ．また葉が薄いため，限られたバイオマスでより大きな葉面積を展開することができ，弱光下での生存に適している．

　いくら弱光環境に馴化できるとはいえ，光が限られた環境では光合成量が少なく，生存には適さない．特に多くの雑草は耐陰性が低く，光要求性が高い．できるだけ良好な光環境で生育するための環境応答が上述した光屈性や避陰反応であり，特に避陰反応は植物群落内での植物の生態に大きな影響を与える．

　避陰反応は，フィトクロムが赤色光と遠赤色光の比を感知することによって始まる．植物群落内では，葉のクロロフィルが可視光を吸収するため非常に暗い

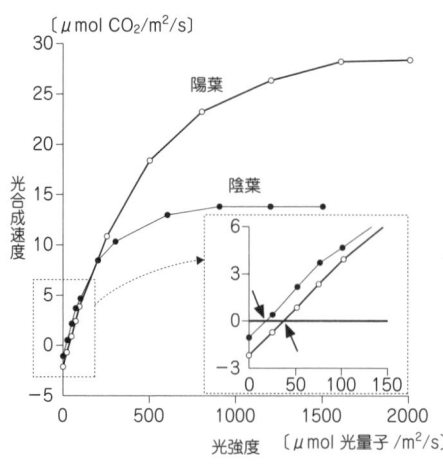

図 2.3　異なる光環境で育てたシロザの光-光合成曲線（彦坂，2012を改変）右下は弱光部の拡大図で，矢印は光補償点を示す．

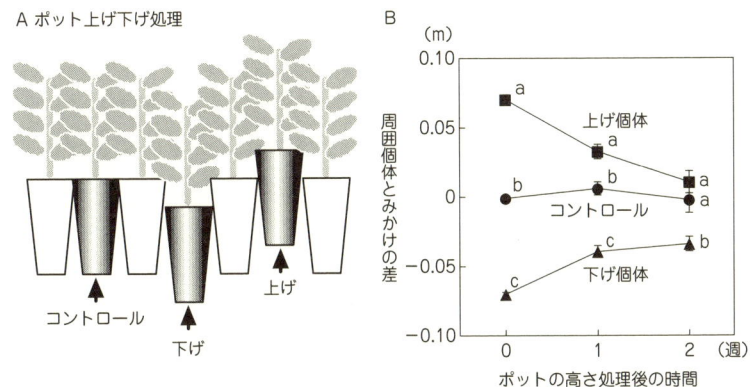

図 2.4 シロザの伸長成長実験（Nagashima and Hikosaka, 2011）
ポットを密に並べることで群落をつくり，ポットの高さを操作して周囲個体との高さの違いを操作した（A）．周囲よりも低くなったシロザ個体は茎の伸長速度が促進され，高くなった個体は抑制された．最終的に両者とも周囲個体と同様な高さになった．a～c について，異なるアルファベットは同じ時期において有意な差があったことを示す（B）．

が，遠赤色光はほとんど吸収されない（図 2.1 参照）．したがって，赤色光/遠赤色光の比は隣接植物による被陰の程度を表すことになる．相対的に遠赤色光が多い環境で育てられた植物は，根へのバイオマス投資を減らして茎の重量が相対的に増える．さらに茎の肥大成長が抑制され，伸長成長が促進されて，全体的に細長い形態をとるようになる．

避陰反応は，直接的な被陰がなくても起こる．Ballaré et al.（1990）は発芽したばかりのトウガラシ群落において，茎の周囲に遠赤色光を遮蔽するフィルターを置くという操作実験を行った．この群落では，まだ隣接個体どうしの相互被陰が起こらない程度の発達段階だったが，対照処理に比べ遠赤色光を遮蔽された個体は茎の伸長速度が低かった．この結果は，被陰が起こらないような条件でも，隣接個体からの反射により植物が競争相手の存在を感知できることを示している．隣接個体の存在を感知することにより，被陰される前に伸長を促進させるわけである．

光は上部から降り注ぐため，背が高い個体が光獲得においては絶対的に有利である．しかし，植物はやみくもに伸長しているわけではない．筆者らはポット植えしたシロザの実験個体群を作製し，個々のポットの高さを変えるという操作実

験（図2.4）を行ったところ，周囲個体よりも下げた個体の伸長成長は予想通り急速に促進された．一方で上げた個体の伸長成長は抑制され，2週間後には周囲個体の高さと同様になってしまった．このように，植物は周囲個体よりも低くならず，かつ高くなりすぎないように伸長成長を制御しており，結果として草本植物群落の高さは一様となることが多い（背ぞろい）．なお，周囲個体の代わりに黒く塗ったプラスチックの模造植物を置くと個体の伸長成長の調整が抑制され，背ぞろいが起こらなくなる．また，群落内の一部の個体の茎を棒にゆわえると伸長成長が促進され，やはり背ぞろいが起こらなくなる．これらの事実は，背ぞろいには光の波長組成だけでなく風に揺らされるなどの物理的刺激も関与していることを意味する（Nagashima and Hikosaka, 2012）．

g. 植物群落内の光獲得競争

それでは，実際の植物群落内でどのような光獲得競争が起こっているのかをみてみよう．ここでは最も単純な系である，同一種の同時発芽個体群における各個体の成長を調べた研究を紹介する．

シロザは一年草で，しばしば攪乱後に休眠種子が同時に発芽し，密な群落を形成する．図2.5は同時期に発芽させたシロザ実験個体群（密度：400個体/m^2）内の36個体の高さを，発芽後から結実まで追跡した結果である．発芽後のごく初期は，ほとんどの個体において高さの増加が認められるが，そのうち高さ成長が停止する個体が出現し始め（下部個体），生育後期まで成長が回復することは

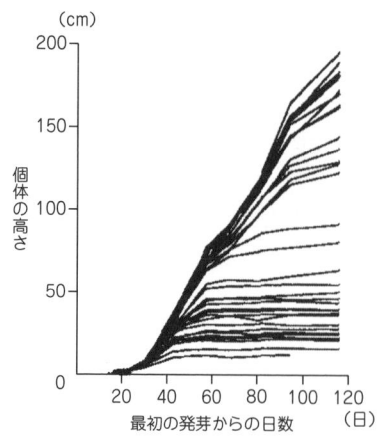

図2.5 個体密度400個体/m^2の群落における，1つのコドラート内のシロザ個体の高さの成長（Nagashima et al., 1995を改変）

発芽直後は同様な高さだが，成長とともに差が大きく広がる．被陰のため，多くの個体は生育終了期までに伸長が停止し，その中から枯死する個体も現れる．

ない.また,途中で枯死する個体も出現し(途中で線が切れている個体),ごく一部の個体(上部個体)だけが最後まで高さ成長を持続することができる.最終的な種子生産量は個体サイズと高い相関があり,集団が生産する種子の大部分は上部個体に占められる.

下部個体の伸長が停止したのは,上部個体の被陰により受光量が低下したためである.下部個体の受光量は,個体あたりの受光量(1個体が1日あたりに受け取る光量子数)が小さいのはもちろん,個体サイズあたりの受光量(バイオマス1gあたり,1日あたりに受け取る光量子数)についても上部個体と比べ非常に小さい.

シロザの場合は,土地面積あたりの上部個体数は初期密度によらずほぼ一定となる傾向がある(約100個体/m^2).初期密度が低ければ,大半の個体が上部個体として種子を残すことができるが,初期密度が高くなるほど下部個体の個体数が増える.初期密度が非常に高くなれば,途中で枯死する個体の数が増える.単一種群落の個体サイズ頻度分布は,種や条件によってL字型(少数の大きな個体と多数の小さな個体によって占められる)になったり,J字型(大きな個体が多数を占める)になったり,二山型(多数の個体と少数の個体の数が同等で,中間的な個体の数が少ない)になったりするが,このような差異が現れるのは,上部個体の密度がほぼ一定であること,下部個体の密度が初期密度に大きく依存することによって説明できるだろう.

群落内および隣接個体がない孤立状態で育てた個体の高さと基部直径の関係を,図2.6に示す(高さ・直径とも対数軸で表してある).孤立個体の高さと基部直径は,ほぼ一定の関係を保ちながら生育終期まで成長している.群落個体では,生育初期は高さと直径の関係は孤立個体と同様であるが,ある時期から直径成長が相対的に鈍り,高さ成長が大きく促進されている.おそらくこの時期に植物が隣接個体の存在を感知し,伸長成長を高めたのであろう.

h. 高くなることのメリットとデメリット

光獲得競争においては背が高いほど有利であるが,葉を高い位置にもつためにはそれ相応の支持コストが必要である.すなわち,葉の位置が高いほど物理的に不安定になるため,茎などの支持組織への投資比率が増すことになる(図2.7).同じ1gのバイオマスでも,背が高いほうはもつことができる葉の量が少なく,

2. 雑草の環境生理学

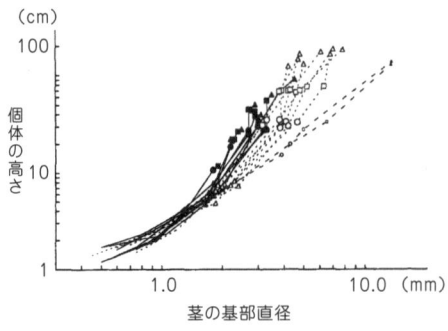

図 2.6 シロザ個体の高さと茎基部直径の関係（Nagashima and Terashima, 1995 を改変）個体別に線で表してある．実線と点線は個体密度 400 個体/m^2 で育成した個体で，それぞれ生育途中に伸長が停止し下層になった個体と，生育終了期まで伸長を続けた個体．破線は孤立条件で育成した個体．個体密度が高いと，個体間で葉が重なるころに茎の伸長成長がより促進される．上層の個体は背ぞろいをしながら成長する．

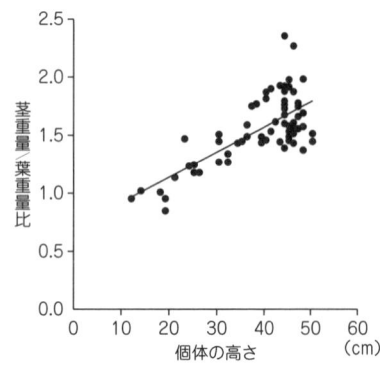

図 2.7 1 つの群落内に存在する高さの違うオオオナモミ個体の，葉重量に対する茎重量の比（彦坂，2012 を改変）

　これは高くなることのデメリットといえる．どのような高さにするのがよいかは，その植物が置かれた環境に依存して異なる．隣に競争相手がいないならば背を高くする必要はなく，できるだけ多くの葉をもったほうがよい．競争相手がいるならば，少なくともその競争相手に自分自身が被陰されないように，背を高くしなければいけない．

　一方，農作物についてはこの理屈は必ずしもあてはまらない．農作物では，土地面積あたりの収量を最大化したり，収穫にあたってのコストが小さくなるような方向で育種が行われてきた．背が低い品種は支持組織のコストが少なく，収穫も容易であるため，多くの作物では背が低くなるような品種改良が行われてきていると考えられる．しかし，このような性質は競争においては不利であって，背が高い競争相手を除去してもらわなければ，いずれ侵入された際に光獲得競争で負けてしまう．農作物は単体では雑草に勝つことはできず，人為的な除草を欠かすことができない運命にある．

［彦坂幸毅・長嶋寿江］

● 引用文献 ●

Ballaré, C. L., Scopel, A. L. and Sánchez, R. A.：*Science*, **247**, 329–332, 1990.

彦坂幸毅：生態学入門第2版（日本生態学会編），東京化学同人，2012.
Kendrick, R. E. and Kronenberg, H. M. eds.：Photomorphogenesis in Plants 2nd ed. Nijhoff, 1994.
Morgan, D. C. and Smith, H.：*Nature*, **262**, 210-212, 1976.
Nagashima, H. and Hikosaka, K.：*Ann. Bot.*, **108**, 207-214, 2011.
Nagashima, H. and Hikosaka, K.：*New Phytol.*, **195**, 803-811, 2012.
Nagashima, H. and Terashima, I.：*Ann. Bot.*, **75**, 181-188, 1995.
Nagashima, H., Terashima, I. and Katoh, S.：*Ann. Bot.*, **75**, 173-180, 1995.

2.2 水や栄養塩に対する反応

a. はじめに

　植物の進化の歴史において，水中生活に適応して淡水域で生活を営むようになった維管束植物（種子植物とシダ植物）を微小藻類と区別して大型水生植物と呼ぶ（角野，1994）．

　本節では生態系に大きなインパクトを与えているにもかかわらず，これまで触れられることのほとんどなかった淡水域を生育地とする大型水生植物の範疇にある水生雑草に焦点を当てて解説する．水生雑草は Mitchell（1974）によって「望まれない水域に繁茂して問題を引き起こす，あるいは目障りな植物」と定義されている．しかし彼自身が述べているように，この定義を実際の現場にあてはめることは難しい．なぜなら，水系は多目的利用を課せられていることが多く，そこに生息する水生植物はある観点では害草となるが，別の観点では生態系の一構成要素としての役割を演じるからである．このように「水生雑草」の基準は曖昧ではあるが，雑草となりうる種は限られている．以下に，非農耕地雑草の中でも特殊な特徴をもつ水生雑草について，「水と栄養塩」に関わる雑草性を紹介する．

b. 水生雑草の水に対する反応

　水生植物は，「発芽は水中または水が主な基質となる所で生じ，生活環のある期間が少なくとも完全に水中か抽水の状態で過ごす植物」（生嶋，1972）と定義されている．そして生活型（生育形）は，抽水植物（水底の泥中に根を張り，茎葉を水面上に抽出），浮葉植物（水底の泥中に根を張り，水面に葉を浮かべる），

沈水植物（水底の泥中に根を張り，花以外の栄養器官がすべて水面下），浮遊（漂）植物（根が水底に達せず，水面に浮いて生活）に区分される．これらは種に固定されたものではなく，生育環境が変化した場合，速やかに他の生活型に適応する能力を示す種が多々見受けられ，水位変動に対して可塑性が高い特性が雑草性となる場合がある．以下ではその事例を紹介する．

1) ホテイアオイの種々の生息地における適応力

　世界十大害草の1つであるホテイアオイ（ミズアオイ科）は浮遊性の水生雑草で防除困難であり，環境省は現時点では，要注意外来植物に指定している．生息地の水位低下に伴い，泥中に根をおろした抽水状態が観察されることが多い．そこで，浮遊状態，抽水状態および陸生状態（土壌水分含量が乾土重あたり13〜15％）における生育特性を調べたところ，抽水状態での生育は浮遊状態に劣らず良好であり，開花数も多く，かつ陸生状態でも十分に生育可能であることが把握された．また，育成期間中に水分が不足すると葉面積が小さくなり，葉質が硬くなるなど，外部形態にも差が認められた．

　また，種々の育成状態下で生じる各部位の内部形態の変化や，蒸散能力の高いホテイアオイが水分供給が制限された場合の気孔数の変化も調べている．根の構造が地中根になると皮層における柔細胞の細胞膜に肥厚が生じ，抽水状態の根の皮層では空隙部の拡大が認められた．葉身部の構造は，水分供給が減少するのに伴って柵状組織が発達し，小型維管束数も増えて，機械組織の発達が明らかであった．一方，葉身の気孔の観察では，表裏両面に気孔が存在し，先端部から中央部は密で基部は疎であることが確認された．抽水状態と陸生状態では分布状態に変化はなかったが，浮遊状態と比較して数は有意に減少した（表2.1）．陸生状態では陥没して痕跡器官となった気孔がかなり認められたので，正常な気孔数は抽水状態より少ないと推測された（沖・植木，1981）．

　以上から，ホテイアオイは浮遊状態から抽水状態へ，さらに陸生状態への適応を余儀なくされた場合，速やかに環境に適した内部形態と気孔をもちうることが確認され，雑草性を有する事実が明確になった．ヒルムシロやスイレンなども，浮葉を陸生型に栽培すると裏側に気孔が生じることが認められており，同様の可塑性による適応力の事例が報告されている．しかし気孔形成に関しては，強く遺伝的に固定しているものと，陸上植物で知られているように環境条件の違いにより変動するものがある．種によって前者または後者になるが，これはその種が陸

表2.1 種々の育成状態におけるホテイアオイ葉身部の気孔数（1 cm^{2}あたり）の比較（沖・植木，1981）

育成状態	葉身の部位					
	先端部		中央部		基部	
	表側	裏側	表側	裏側	表側	裏側
浮遊型	18217 a	13081 a	18995 a	13584 a	10285 a	5405 a
抽水型	10029 b	8721 b	8736 b	7387 b	4861 b	3200 a
陸生型	9836 b	8736 b	9307 b	5969 b	4775 b	2469 a

数値の後のアルファベットが同じものは，1％水準にて有意．

生から水生への適応馴化（順化）の移行段階のどこに位置するかに関わってくると考えられている．

2) キシュウスズメノヒエとキショウブの耐冠水性と耐乾燥性

キシュウスズメノヒエとキショウブは，いずれも外来植物で抽水雑草であり，特にキシュウスズメノヒエは九州のクリーク地帯での難防除雑草であった．近年，ダム貯水池の法面の裸地部分には緑化可能な雑草種の選抜が求められることが多いが，水没と露出が繰り返されるため，生育基盤としては過酷ではある．高知県早明浦ダムでの2年間の実証試験によって数種の雑草の中から選抜されたのが，このキシュウスズメノヒエとキショウブであった（Oki, 1998）．

両種は，水深1mおよび2mで9週間栽培したところどちらも生存可能であり，また2mの冠水条件下でも両種が適湿地の20％減であったので，耐冠水性が高いことが示されている（表2.2）．冠水条件下での植物体の生存は呼吸基質と呼吸作用の関係に影響され，デンプン含量/呼吸作用の比の差異が草種間の耐冠水性の差として現れる．キショウブは地下部に貯蔵器官（根茎）をもっているため優位となる．また耐冠水性が低い草種は，無酸素呼吸の過程で生じる有害な

表2.2 各冠水条件がキシュウスズメノヒエおよびキショウブの実験終了時の乾物生産量に及ぼす影響（Oki, 1998）

処理区		キシュウスズメノヒエ	キショウブ
水深	0 m	100	100
	1 m	80	83
	2 m	79	79

各数値は，水深0m区の平均乾物重を100とした値．実験期間は9週間．

中間産物によって生育が損なわれる傾向にあるが,キショウブはこの代謝を調節する.このように,生化学的な適応力をもっていることも報告されている.

続いて両種の耐乾燥性を調べたところ,ともに高く,特にキシュウスズメノヒエは湛水より乾燥土壌で生育が抑制されにくく,乾燥から湛水までの適応域が広いことが明らかになっている.もともと湿生状態が適湿であるにもかかわらず,9.81〜31.01 kPa(pF 2.0〜2.5)の土壌でも速やかに土壌表面を被覆する.一般に 19.95 kPa(pF 2.3)以上は土壌水分不足で乾燥域に入る水分張力(吸引圧)であることを考慮すると,かなり乾燥に強いことになる.このような高い耐乾燥性を得るには,環境変化に伴う根系の速やかな発達が鍵となる.

以上のような水生植物の陸生型の出現は,実はそれほど珍しい現象ではない.沈水植物においても,水位が下がり渇水期になると陸生型を生じ,外部形態は矮小化して硬く,葉色は濃くなり,内部形態は上述のホテイアオイと同様に変化する.水中根から地中根への変換は,降雨などによる短期間の順化があれば十分である.Arber(1972)や Sculthorpe(1985)は,このような陸生型について詳細に説明しており,よく出現する属として,沈水植物ではヒルムシロ属,フサモ属を,浮葉植物ではスイレン属を,抽水植物ではコウホネ属,トチカガミ属,キンポウゲ属を挙げている.このような現象が生じるのは,水生植物の中には,もともと陸上生活を営んでいたものが二次的に水界に属するようになったと考えられる種が多いからである.そのため,完全に水中生活に適した機構を有する沈水植物でさえ,陸生型が生じる.特定外来植物と指定されているブラジルチドメグサは小型抽水雑草であるが,浮遊状態で越冬しやすいことが観察されており,やはり可塑性が雑草性を醸し出している傾向が認められる.

c. 水生雑草の栄養塩に対する反応

水系の富栄養化は全世界共通の問題である.世界の水界生態系に異変を与えるようになって久しく,旺盛な繁殖力を有する水生雑草を大繁茂させる引き金となっている.本項では,富栄養化に関係の深い栄養塩と水生雑草の生育・増殖との関係を紹介する.

1) 水中の栄養塩とホテイアオイの生育特性との関係

水生雑草の代表種であるホテイアオイにおいて,水中の栄養塩と生育特性との関係について調べた.まず,要素欠如を施した水耕栽培により,ホテイアオイの

生育に大きく影響を及ぼす要素を検討したところ，窒素，リンおよびカルシウムが欠如すると顕著な生育阻害が認められ，阻害された植物体では共通して茎葉部のリン含有率が低いことが明らかになった（沖ら，1978a）．

さらに窒素とリンについて詳細な検討を行った結果，特に窒素に対するホテイアオイの生育反応は顕著で，成株の生育は水中窒素濃度（アンモニア態窒素）が160 ppm で最大となり，子株形成および幼株の生育量は 40 ppm で最大となった．窒素の供給増加に伴って，窒素の体内含有率の著しい増加も認められた．また，窒素供試形態の嗜好性には pH が大きく関与し，硝酸態は酸性側で，アンモニア態およびアンモニア態・硝酸態が共存する場合は中性から塩基性で，生育良好であることが明らかになった．ただし成株（親株）茎葉部の無機成分含有率を測定すると，pH に関係なく，窒素含量とリン含量は硝酸態供試区よりアンモニア態供試区のほうが高くなり，カルシウム含量は逆の傾向を示す．これは，吸収において NH_4 イオンと Ca イオンとの間に強い拮抗作用があるためである（沖ら，1978b）．

アンモニア態と硝酸態が共存する場合には，調整後の培養液の pH の変化から，アンモニア態窒素が硝酸態窒素より選択的に吸収されると推察されている．そこで ^{15}N（安定同位体窒素）を使用し，両形態が共存する場合の吸収移行の様相を調べた（Oki et al., 1985）．その結果は表 2.3 に示す通りで，2 mg/l の窒素濃度では最初の 2 日間はアンモニア態を優先して吸収し，3 日以降は硝酸態を吸収する．一般に，比較的新しい汚染水域ではアンモニア態が多く存在し，時間が経つに伴い硝酸態窒素が増加する傾向にある．ホテイアオイの生息地もそのような水系であることが多く観察されており，その裏付けとなる生育特性が把握されたことになる．

また，20 mg/l の窒素濃度の $^{15}NH_4Cl$ 溶液で 3 日間栽培してから，^{15}N を除い

表 2.3 ホテイアオイによる ^{15}N の形態別吸収率の経時的変化（Oki et al., 1985）

処理後の時間	$^{15}NH_4NO_3$	$NH_4{}^{15}NO_3$
6	4.19 ± 1.06	0.84 ± 0.17
24	16.72 ± 2.40	3.11 ± 1.01
48	32.82 ± 6.83	15.17 ± 5.07
72	42.47 ± 2.62	36.91 ± 4.59
96	55.15 ± 5.66	48.95 ± 0.84

$$^{15}N \text{ の吸収率(\%)} = \frac{\text{ホテイアオイ1個体中の}^{15}N\text{含量(mg)}}{\text{処理開始時の1ポットあたりN含量(mg)}} \times 100$$

た 2 mg/l 窒素濃度の NH_4Cl 溶液で 25 日間栽培することで，^{15}N の吸収と移行の様相を調べた．その結果，親株に吸収された ^{15}N は，25 日間で 44〜46% が子株に，15〜18% が孫株に，ストロンを通して移行することが確認された．つまり，吸収した窒素の 34〜37% は，25 日間親株に保持され，利用されたことになる．親株が吸収した窒素は，指数関数的にストロンで増殖する子株に，以上のような配分で移行される．

なお近年では，無機態窒素の吸収と輸送について遺伝子レベルで解明されており，根で吸収された NH_4 イオンは地上部に輸送されるが，植物の導管液には NH_4 イオンはほとんど検出されず，アミノ酸やアミドが主要な形態となっている．

リンについては，窒素と同様に一般植物より高い濃度でも生育可能であり，体内含有率も高い傾向にあった．またカルシウムは，窒素やリンのように，そのものが代謝作用の中に入り，体構成分となって吸収と代謝に結びつく要素ではない．カルシウムは代謝作用の触媒的働きを示し，最低限界濃度があって，限界濃度以下では著しく生育が悪化するが，限界濃度以上であれば生育は正常に保たれ，生育量にはさほど影響が生じない．ホテイアオイの場合，限界濃度は 0〜3.6 mg/l の間であるが，発生水域のカルシウム含量は平均 6 mg/l 前後であるので，実際の繁茂地では生育を抑制する制限因子とはならないと考えられる．

2) 水生雑草の栄養塩吸収能力と環境要因との関係

植物の栄養塩吸収能力は，環境条件により大きく変動することが予測される．そこで，どのような環境要因が影響を及ぼすのかを検討するために，小型抽水雑草であるセリ科のウチワゼニグサを用いて，種々の環境要因と栄養塩吸収能力との関係を調べた（沖，2001）．なお，ウチワゼニグサ自体は特定外来植物や未判定外来植物には指定されていないが，侵略的外来植物としての特性を備えているものが多いチドメグサ属に属するので，海外から輸入する場合には，種類名証明書の添付が必要とされている．

環境要因として，①規定培養液濃度（1%，5%，10% Hoagland 培養液），②滞留時間（3日，6日，9日），③密度条件（高，中，低），④流速（高，中，低，停滞），⑤密度管理（高・低と2週ごと管理，4週ごと管理，放置の組み合わせ），⑥気温・水温（平均，積算），⑦乾物増加量，⑧窒素・リン含有率，⑨形態別窒素負荷量・吸収量・除去速度，⑩無機態リン負荷量・吸収量・除去速度を設

2.2 水や栄養塩に対する反応

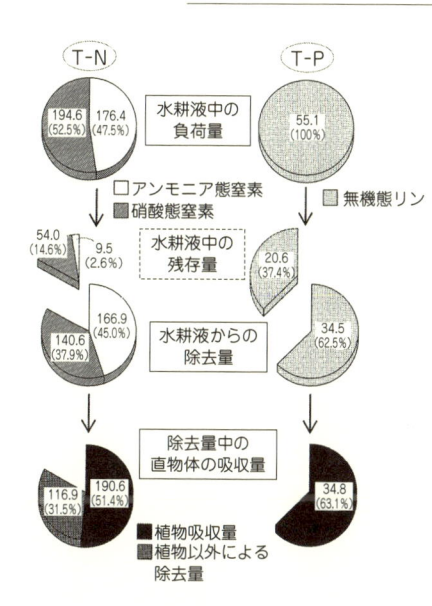

図 2.8 水耕液中の全窒素および全リン量の挙動(沖,2001)
図中の数値の単位は,g/m^2. また( )内の数値は,T-N(全窒素),T-P(全リン)の総負荷量を100%とした場合の値.

定し,これらを組み合わせて6つの実験を実施した.

まず,水耕液中の全窒素とリン量の挙動は図2.8に示す通りであり,図中の数値は窒素・リン総負荷量,総除去量および総吸収量において,実験1~6までの各々の値を足した値である.窒素の挙動について,水耕液中でアンモニア態窒素よりも硝酸態窒素が多く残存していることから,ウチワゼニグサもホテイアオイと同様に,アンモニア態窒素を優先的に吸収する好アンモニア性植物であることが示されている.一般に,水生植物にはこの傾向が認められる.また,植物以外による水耕液からの除去量は全体の31.5%を示すが,これは主に脱窒によるものと推定された.一方でリンの挙動に関しては,窒素と比べて水耕液中における残存量は37.4%と多いが,除去量の中での植物吸収量はほぼ100%を占め,リンの除去は植物による吸収に依存していることが認められた.この結果は,窒素は大気中に半開放系で循環されるのに対し,リンは底質部に吸着する泥や資材がない場合,植物の吸収のみで系から除去されることを意味している.

次に,種々の環境要因における因子分析(多くの変異をもっている情報を少数個の潜在的な因子に縮約する方法)を行った.種々の環境要因という多くの変量から少数個の共通に関係する能力,つまり潜在的な因子が種々の環境要因にどれ

だけ反映するかを因子負荷量で表した．その結果，第1因子の寄与率は28.61%で，乾物増加量や窒素・リン吸収量などの因子負荷量が高く，植物体が寄与する水質浄化能力（栄養塩吸収能力）を示す尺度と考えられた．第2因子の寄与率は24.87%で，水温・気温などの環境条件そのものを表す尺度であった．第3因子の寄与率は21.52%で，窒素やリン負荷量など水質特性を示す尺度であった．

以上の結果から，水生雑草の栄養塩吸収特性を検討する場合，乾物増加量など植物体の特性に関わる要因と，栄養塩類負荷量など水質の特性に関わる要因とに大別して検討する必要性が明示された．水生雑草の栄養塩に対する反応も，その見地から解析する必要があるだろう．

d. 侵略的水生雑草

環境省は外来生物に対する法整備として，「外来生物法」を2004年6月に公布し，2005年6月より施行している．この法律では，問題を引き起こす海外起源の外来生物を特定外来生物として指定し，その飼養，栽培，保管，運搬，輸入を規制して，防除などを行うことをうたっている．これまでに特定外来生物として指定された外来植物は12種であるが，その中の8種は水辺に出現する種である．なお，この法律で対象となる外来種は，明治時代以降に渡来した植物とされている．

また現在，環境省では2013年度末までに外来種被害防止行動計画・侵略的外来種リストを公表する準備を進めている．侵略的外来種は，外来種の中で地域の自然環境に大きな影響を与え，生物多様性を脅かす恐れのあるものと位置づけられている．ただ外来種の中には，時間の流れの中で，わが国の自然環境に大きな影響を与えずにすでに順応している種も多い．

2006年に岡山県南部の水系において，水生植物の生育盛期である7月中旬～11月初旬にかけて植生調査，水質調査および諸元調査（護岸状況・土地利用情報）を行い，外来種を含めた水生雑草の発生環境が確認されているので紹介したい．

植生調査では，水生雑草の草種名を優占度別に記録し，植生の有無，ヒシ，外来種およびヒシ以外の在来種の有無で調査地点を分類した．ヒシの有無に留意したのは，過去15年間の同一地域のため池調査において，在来種のヒシの発生頻度と優占度が高かったことを確認しているためである．ため池216地点を対象と

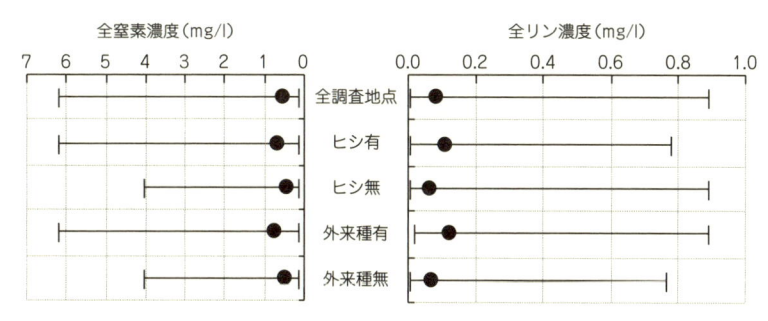

図 2.9 ヒシおよび外来種の有無により区分した調査地における，全窒素濃度と全リン濃度の範囲と平均値（沖，2009）
●が平均値．t 検定，$p < 0.05$．

した現地調査の結果，水生植物の出現が確認された地点は 175 地点，ヒシが確認されたのは 86 地点，外来種が確認されたのは 37 地点，ヒシ以外の在来種が確認されたのは 70 地点であった．外来種では，キショウブ，キシュウスズメノヒエ，コカナダモが高い出現頻度と優占度を示したが，外来種の有無に関わらず，ヒシの出現頻度および優占度は高い傾向にあった．

水質との関係については，ヒシがある場所では，無い場所に比べ全窒素濃度および全リン濃度の平均値が高く，また外来種のある場所でも，無い場所に対して同様の検定結果が示されている（図 2.9）．ただし全窒素の場合，「ヒシ有」および「外来種有」の平均値が高いのは，ヒシおよび外来種が低濃度で発生しない傾向にあるのではなく，高濃度まで発生範囲の幅が広いことに起因する．同様の傾向は COD 濃度においても認められ，富栄養化および有機性汚濁の進行した水域では，ヒシや外来種が発生する傾向が確認された．

さらに，同様の現地調査でため池以外に河川，用排水路などの水系別で外来種の発生率を調べた結果，開放系水系の河川や用排水路の沈水型に外来種が多かった．

以上から，外来植物が侵入しやすい環境は自然環境に攪乱が加わった場であることが示唆され，外来種が水生雑草となり，その中でも優占度の高い種は侵略的水生雑草となる可能性が高いことが裏付けられた．さらに本調査から，外来種のみが侵略的水生雑草になるのではなく，ヒシのような在来種も富栄養化などの人為的攪乱が加わることで，侵略的水生雑草になりうることが確認された．生態学

的侵略は生物の侵略性のみから引き起こされるのではなく，環境の被侵略性との関係が重要といわれている．捕食者や競争者との関係に動的平衡が維持されている成熟した生態系では，外来種や侵略的雑草は生じにくい．つまり，水中に増加する栄養塩に過剰反応を示す水生雑草と，栄養塩過剰で生育不良の反応を示す水生植物が生じないように，適切な水中栄養塩濃度を生態学的に維持しなければならない．

e．おわりに

これまで紹介してきた水生植物について，体系だった書籍はあまり出版されていない．前述したArberの"Water Plants"（1972年）やSculthorpeの"The Biology of Aquatic Vascular Plants"（1985年）は，半澤洵の『雑草學・全』（1910年）に匹敵する名著であり，水生植物の形態学や生理生態学を学ぶには，古いながらも最も優れたテキストと思われる．

個々の水生雑草の生育特性や水環境との関係について，現象把握の蓄積はあっても，遺伝子や分子レベルなどの先端科学の手法を駆使した解明は，現在まであまりなされていない．今後の研究進展が望まれる． ［沖　陽子］

●引用文献●

Arber, A.：Water Plants, Wheldon & Wesley, 1972.
半澤　洵：雑草學・全，六盟館，1910.
生嶋　功：水界植物群落の物質生産Ⅰ．水生植物，共立出版，1972.
角野康郎：日本水草図鑑，文一総合出版，1994.
Mitchell, D. S.：Aquatic Vegetation and Its Use and Control, pp.13-14, UNESCO Paris, 1974.
Oki, Y.：*Korean J. Weed Sci.*, **18**（2），95-105, 1998.
沖　陽子：圃場と土壌，8月号，8-14, 2001.
沖　陽子：陸水学雑誌，**70**（3），255-260, 2009.
沖　陽子・植木邦和：雑草研究，**26**（4），291-297, 1981.
沖　陽子・伊藤操子・植木邦和：雑草研究 **23**（3），115-120, 1978a.
沖　陽子・伊藤操子・植木邦和：雑草研究 **23**（3），120-125, 1978b.
Oki, Y., Nakagawa, K. and Reddy, K. R.：*Proc. 10th APWSS Conf.*, **1**, 317-324, 1985.
Sculthorpe, C. D.：The Biology of Aquatic Vascular Plants, Koeltz Scientific Books, 1985.

2.3 アレロパシーに対する反応

a. アレロパシーとは

　アレロパシーという概念は，オーストリアの植物生理学者 H. Molisch がギリシャ語の allelo（お互いの）と pathos（影響を受ける）から造語したもので，最初の定義では「ある植物が環境中に排出する化学物質によって他の植物（微生物を含む）が直接または間接的に害を受けること」を意味した．沼田眞はこれを「他感作用」と訳し，生態系内での先駆的な研究を行った．このような現象については，古くはすでに紀元前から，ある木が近傍の植物の生育を阻害することが知られており，わが国でも熊沢蕃山（1619～1691 年）がその著『大学或問』の中で，「アカマツの露は樹下に生える作物や草に有害である」と述べている（藤井，1990）．

　その後研究対象が広がり，アレロパシーの概念は，最も広義には「植物，微生物，動物等の生物が同一個体外に放出する化学物質が，同種の生物を含む他の生物個体における，発生，生育，行動，栄養状態，健康状態，繁殖力，個体数，あるいはこれらの要因となる生理・生化学的機構に対して何らかの作用や変化を引き起こす現象」，すなわち化学物質による生物間相互作用を総称し，高等植物から微生物まで，また有害な作用から有益な作用までを対象とするようになっている（藤井，2000）．一方，狭義には，高等植物相互間の阻害作用が対象となることが多い．光，温度，土壌，肥料などの要素と同様に，植物もまた環境の一要因であり，環境因子としての植物は独自に生産する二次代謝物質を放出し，他の動物，植物，微生物にさまざまな影響を与えている．このような化学物質を介した生物間の相互作用を研究する分野である「化学生態学」の一部が，アレロパシーであるといえよう．

　農業生態系においては，養水分や光などの競合とアレロパシーによる競合の識別が難しいため十分に証明されてはいないものの，微生物によるものでない連作障害（いや地現象）や原因不明の生育阻害，被覆植物による雑草抑制や残渣鋤込みによる影響，強害雑草による作物の生育抑制，作物自身による雑草抑制など，多くの場合にアレロパシーが重要な役割をはたしていると推定される．

　アレロパシーを生じさせる物質をアレロケミカル（他感物質）と呼び，大部分

2. 雑草の環境生理学

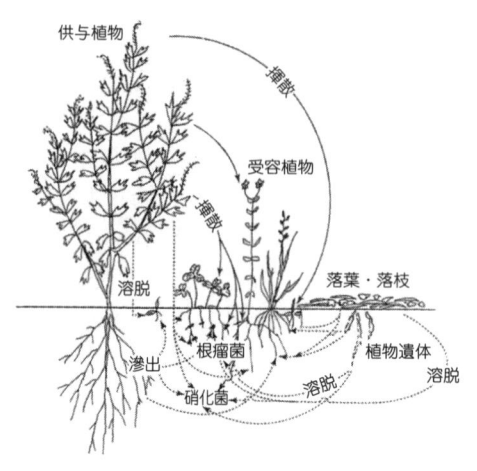

図 2.10 アレロパシーの発現経路（根本，2005）

は植物の二次代謝物質に由来する．二次代謝物質は，生物に共通で生命維持に不可欠な一次代謝物質とは異なり，特定の生物種あるいは種群にだけ存在する固有の代謝系で生産されるものである．これまでその働きが不明で，老廃物あるいはエネルギー貯蔵形態と考えられてきたが，その重要な作用が「周囲の生物（植物，微生物，動物）から身を守ったり，情報交換するための手段である」とする「二次代謝物質＝アレロケミカル」仮説が有力になっている（藤井，2001）．

この二次代謝物質は動物にはほとんどなく，身動きできない植物に固有のものであり，フェノール性物質，テルペン類，アルカロイドなどの含窒素化合物，イソチオシアネート類などの含イオウ化合物，他にポリアセチリン化合物，エチレンなど多くの種類がある．しかし，その作用がアレロパシーであると完全に証明されているのはまだその一部に留まっている（藤井，2003）．

アレロケミカルがある植物から環境中に放出され，受容体としての他植物に作用するまでの経路は，植物の種類，物質の特性，作物栽培管理体系などにより異なる．阻害物質は茎葉，根，果実・種子などで生産・蓄積され，これらの生体あるいは遺体から溶脱，揮散，滲出などにより外界に放出される（図2.10）．

揮散によるものは主として茎葉で産生されるテルペン類であり，大気中から直接他植物のクチクラを通して葉や茎に吸収されたり，乾燥土壌に吸着されて土を通して作用したりする．またフェノール性物質には，生きた茎葉から溶脱するも

のが多い．同様に茎葉からは雨や露により多種多様な物質が溶脱することが知られており，無機塩類はもちろんのこと，糖，アミノ酸，有機酸をはじめアブシジン酸やアルカロイドなどにまで及ぶ．また，落ち葉や根片，樹皮などや，マルチ，鋤き込まれた植物遺体からの溶脱もある（藤井，2000）．

b. 雑草のアレロパシーに対する作物の反応
1) わが国でよくみられる雑草のアレロパシー

　アレロパシーについてよく研究されているのは，メヒシバ，アキノエノコログサ，チガヤ，セイバンモロコシ，ハマスゲ，スギナ，クズ，アオゲイトウ，ギシギシ類，ヤエムグラ，ブタクサ，ヨモギ，セイタカアワダチソウ，ヒメムカシヨモギなどである．雑草の害作用はすべて競合によるものと考えられがちであるが，例えばメヒシバの生育が完全に停止した後，十分に養水分を与えて育てても，メヒシバに近接したところでは作物の生育は著しく抑えられる（伊藤・藤井，2005）．

　アレロパシーの原因となる雑草種は，総じて植物体が大きいか，地下茎が非常に発達した多年生種である．これらの雑草は作物の生育そのものを阻害するだけでなく，メヒシバなどは窒素固定菌や硝化菌の増殖，マメ科作物の根粒形成をも阻害する．

　北海道の畑地や草地では，多年生帰化雑草のシバムギとキレハイヌガラシの2種が分布域を拡大し，強害草になりつつあるが，これらがそれぞれアグロピレン，ヒルスチン，メチルチオブチルイソシアネート（図2.11）という強い植物毒をもつ物質を含有していることは興味深い．シバムギに関する実験では，この雑草の繁茂下でのコムギの生育抑制は，コムギによるリンの吸収阻害を通して生じていることが示されている（藤井，2002）．

　草地においては雑草が常在的に共存しているため，アレロパシーによる雑草害も起こりやすい．特に追播更新，簡易更新の場合は牧草種子の発芽が抑えられる恐れがある．さらに普通畑についても，不耕起栽培や休閑後の再利用においてこのような問題が生じる危険性が高い．

　雑草は敷き草として利用されることがあるが，主な雑草の風乾物の滲出液には，根の成長を著しく阻害する活性が認められる．敷き草のアレロケミカルは雑草抑制に有効利用できるものの，作物への害作用にも留意する必要がある．

2. 雑草の環境生理学

アグロピレン
(6-フェニル2,4-ヘキサジイン)

ゼイラノキサイドA

モミラクトンB

ヒルスチン
(8-メチルスルフィルオクチルイソチオシアネート)

2,4-ジヒドロキシ-7メトキシ-1,4-ベンゾキサジン-3-オン (DIMBOA)

2,4-ジヒドロキシ-1,4-ベンゾキサジン-3-オン (DIMBOA)

エチレン

シアナミド

L-DOPA

L-ミモシン

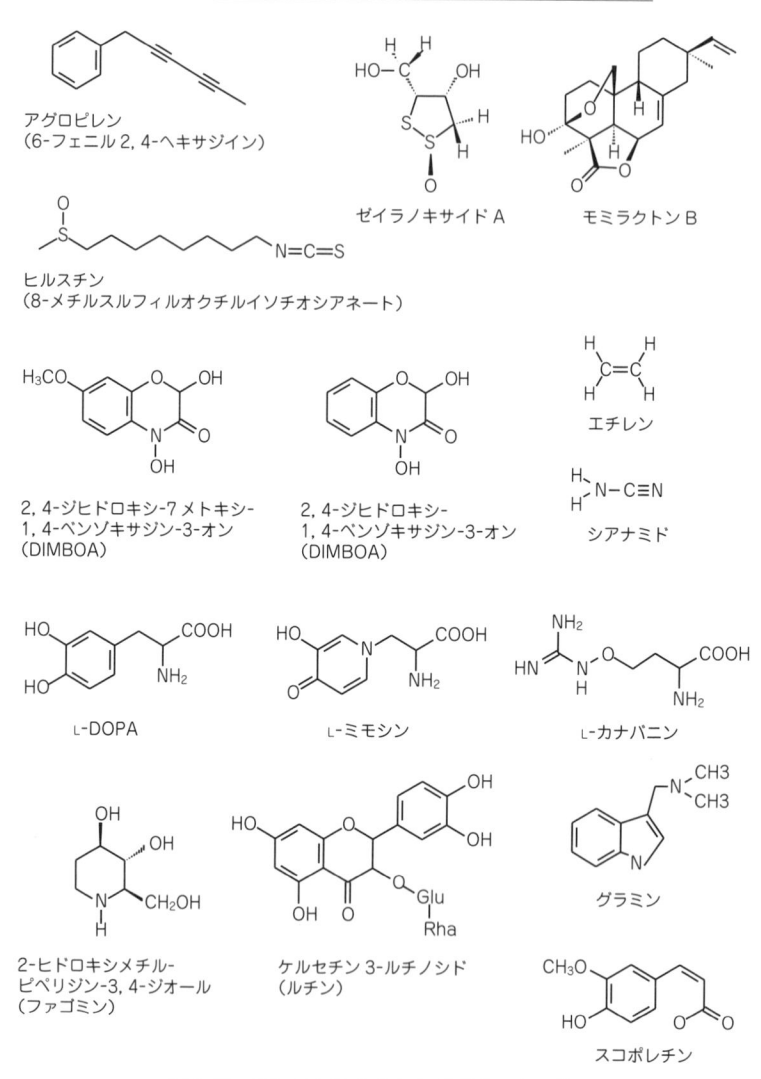

L-カナバニン

2-ヒドロキシメチル-ピペリジン-3,4-ジオール (ファゴミン)

ケルセチン 3-ルチノシド (ルチン)

グラミン

スコポレチン

図2.11 アレロケミカルとして報告のある物質

水田で被害を及ぼし，タイから九州南部へ侵入しているナガボノウルシでもアレロパシーが確認されている。このナガボノウルシは熱帯で強害雑草となっているが，そこからゼイラノキサイドと命名された一群の新たな植物成長阻害物質が発見されている（Hirai *et al.*, 2000，図2.11参照）。これらはジチオラン構造をも

つスルフィネートで,抗菌性が期待される珍しい構造の化合物である(藤井,2002).

2) 外来植物のアレロパシー

2005～2007年にかけての調査において,特定外来生物,要注意外来生物に新たに追加される可能性の高い外来植物800種のアレロパシー活性を生物検定法で調べた結果,特定外来生物に指定されている植物は活性が強いこと,特にナガエツルノゲイトウとボタンウキクサの活性が強いことが明らかとなっている(藤井,2007).また,今後侵入する可能性の高いものの中にも活性が強いものがあることが明らかとなり,ナガミヒナゲシ,ツノアイアシ,ナンバンアカバナアズキ,ギンネム,アカギ,コンフリーなどには特に注意が払われている.この調査では,アレロパシーの強い植物80種において関与する成分をデータベース化しており,アレロパシー物質として,小笠原諸島で繁茂する外来植物のギンネムからはL-ミモシン(図2.11参照)が,アカギからはL-酒石酸が,コンフリーからはロスマリン酸が同定されている(藤井,2007).

c. 被覆植物・作物のアレロパシーに対する雑草の反応

1) アレロパシーの強い被覆植物

畑地,草地などで雑草の繁茂を抑圧するために利用する作物を制圧作物と呼ぶことがあり,オオムギ,ライムギ,ソルガム,ソバ,キビ,アワ,スイートクローバ,ヒマワリ,アブラナ,ダイズ,飼料用トウモロコシなどの種類がある.雑草を制圧する作用は,主に光や養分の競合によるものと考えられているが,オオムギ,ライムギ,トウモロコシなどではアレロパシーとの総合的な作用を利用している.オオムギの作用には選択性がみられ,ハコベは感受性が強いがナズナは耐性であり,コムギでは活性が認められない(藤井,2000).

2) アレロパシーの強いイネ

従来のイネ育種は,良食味,耐病性,高収量などを目的に行われ,耐雑草性を目的とした育種は皆無であった.しかし近年では環境影響と省力化の観点から,イネ自身の力で雑草を抑制する試みが行われており,阿波赤米,コウケツモチなどに強いアレロパシーがあることが示されている(Fujii, 1993).アメリカ合衆国農務省のイネ遺伝資源研究所や,フィリピンの国際イネ研究所でも,イネのアレロパシーによる雑草抑制試験が行われており,またスペインやエジプトなど多

くの国でも，研究課題となっている．

これまでのアレロパシーに関する研究においては，古くから伝わる神社米などの赤米の系統には雑草抑制が強いものがあったり，江戸時代に不良環境で栽培されてきた伝統的な品種にも雑草に対する競争力の強いものがあることがわかっている．このようなイネ品種は草丈が高く開帳性で，光の競合で抑草する力も強いものの，アレロパシーによる抑草も含まれると推定される．世界中のイネのコアーコレクション189種のアレロパシー活性を検索した結果でも，赤米系統には強いアレロパシーが検出されており，特に前述した徳島県在来の阿波赤米や，唐干は活性が強いと報告されている（Fujii, 1993）．

なお，猪野・加藤（2007）によって，コシヒカリからもモミラクトンB（図2.11参照）という物質がアレロケミカルとして報告されている．江花・奥野（2007）によって関与する遺伝子は複数あることが報告されているため，さらに複雑なアレロケミカルが関与していると推定される．

3）ソ　　バ

宮崎安貞は『農業全書』の中で，「ソバはあくが強い作物なので，雑草の根はこれと接触して枯れる」と記述している．ソバの雑草抑制作用が強いことは焼畑でも利用されており，雑草害の激しくなる3〜4年目に栽培される．10aあたり6〜8kg程度の播種で，確実な雑草抑制効果があるとされている．

近年著者らのグループはソバのアレロケミカルを分析し，ファゴミン（図2.11参照），4-ピペリドンとその関連ピペリジンアルカロイド，および没食子酸とピロカテコールを同定した（Iqbal et al., 2003）．それぞれの物質の寄与率については，ルチン（図2.11参照）の寄与が高いことがわかっている（Golisz et al., 2007）．

4）作物の残渣のアレロパシー

ⅰ）作物のマルチ　コムギ，エンバク，トウモロコシ，ソルガム，ライムギのわらや稈，またクローバやアルファルファなどマメ科牧草の残渣の水抽出液には，根や地上部の成長や発芽を抑える活性がある．トウモロコシやライムギ中の阻害物質としては，各種フェノール性酸やアルデヒドが見出されているが，一方で稲わらが水田などの還元状態に置かれると，植物の生育に影響を与えるに十分なエチレンを発生させるということも知られている（藤井，2006）．

逆に，樹木の樹皮などからつくるバーク堆肥の施用は，アレロパシーの有害作

用面から注意を要する．バークには多量（ときには 10% 以上）のフェノール性物質が含まれており，未熟なバーク堆肥は雑草ばかりでなく，園芸植物の生育を阻害することがある（藤井，2005）．

　ⅱ）**米ヌカ**　米ヌカを田植え後 1 週間から 10 日後に，10 a あたり 100～150 kg，水田の全面に散布するか水口から流し込むことによって，ほぼ完璧に除草できる．ただし，これ以上大量に施用するとイネ自身にも阻害作用が出たり，イモチ病が発生することがあるといわれている（高松ら，1993）．

　米ヌカによる除草効果は，微生物などの繁殖による酸欠と還元状態，および「とろとろ層」をつくることによる遮光効果と推定されているが，米ヌカが分解する際に生成する物質も作用していると考えられる．米ヌカを用いた場合，水は茶褐色になり発酵臭や悪臭が出るが，この水には強い抑草活性がある．その本体は，米ヌカが分解する際に生成する酢酸，プロピオン酸，酪酸，吉草酸などの低分子有機酸，硫化水素，アンモニアなどによるものと推定されているが，不明な点もあり，今後作用成分の詳細な同定と評価を行う必要がある．　　［藤井義晴］

●引用文献●

江花薫子・奥野員敏：農林水産省農林水産技術会議事務局研究成果，(453)，183-184，2007．
藤井義晴：化学と生物，**28** (7)，471-478，1990．
Fujii, Y.：Allelopathy in the control of paddy weeds, The allelopathic effect of some rice varieties (Technical Bulletin No. 134), pp. 1-6, ASPAC Food and Fertilizer Technology Center, 1993.
藤井義晴：アレロパシー——他感物質の作用と利用，農山漁村文化協会，2000．
藤井義晴：植調，**35** (1)，17-22，2001．
藤井義晴：化学と生物，**40** (2)，98-100，2002．
藤井義晴：農芸化学の事典（鈴木昭憲・荒井綜一編），pp.204-208，朝倉書店，2003．
藤井義晴：環境保全型農業大事典 2 総合防除・土壌病害対策（農山漁村文化協会編），pp.93-97，農山漁村文化協会，2005．
藤井義晴：環境保全型農業と生物機能の利用（農業環境技術研究所編），pp.24-68，養賢堂，2006．
藤井義晴：重要課題解決型研究事後評価「外来植物のリスク評価と蔓延防止策」，2007．http://scfdb.tokyo.jst.go.jp/pdf/20051220/2007/200512202007rr.pdf（2013 年 11 月

18日確認）

Golisz, A., Lata, B., Gawronski, S. W. and Fujii, Y.：*Weed Biol. Manag.*, **7**（3），164-171, 2007.

Hirai, N., Sakashita, S., Sano, T., Inoue, T., Ohigashi, H., Premasthira, C., Asakawa, Y., Harada, J. and Fujii, Y.：*Phytochemistry*, **55**（2），131-140, 2000.

猪野剛史・加藤　尚：日本作物学会紀事，**76**（1），108-111, 2007.

Iqbal, Z., Hiradate, S., Noda, A. and Fujii, Y.：*Weed Sci.*, **51**（5），657-662, 2003.

伊藤操子・藤井義晴：環境保全型農業大事典 2 総合防除・土壌病害対策（農山漁村文化協会編），pp.86-92，農山漁村文化協会，2005.

根本正之：環境保全型農業事典（石井龍一編），p.489，丸善，2005.

高松　修・中島紀一・可児晶子：安全でおいしい有機米づくり，pp.56, 88，家の光協会，1993.

●コラム●　**アレロパシーから開発される新しい除草剤**

　アレロパシーの研究からは，新たな生理活性物質の発見が期待される．従来，植物由来の天然生理活性物質の活性は弱く，合成農薬に匹敵するものはないと考えられてきたが，これまでにも天然物をヒントにした除草剤は存在した．また近年，これまでに知られていなかった新たな阻害機構をもつ天然生理活性物質が発見され，人間や環境への毒性が少なく，問題となる雑草のみを枯らす安全な除草剤の開発が期待されている．

　アレロケミカルをもとにつくられた除草剤としては，図Aのようなものが挙げられる．明治製菓が開発した微生物（放線菌）由来の除草剤であるピアラホスは，世界で最初に実用化されたアレロケミカル由来の除草剤として，海外では有名である．また水田用除草剤であるモゲトンは，クルミのアレロケミカルとして同定されたユグロンと構造が類似しており，天然物にヒントを得開発された可能性がある．さらに，天然物である1,4-シネオールをもとに合成された除草剤シンメチリンは，Cinchとして商標登録された．

　最近シンジェンタ社が開発した除草剤メソトリオンは，オーストラリア原産のブラシノキ（キンポウジュ）の生産するアレロケミカルであるレプトスペルモンをもとに，構造を変換して作出された．作用機構は，植物に特有のカロチノイド生合成に関与する，4-ヒドロキシフェニルピルビン酸ジオキシゲナーゼ（4-HPPDase）活性の

2.3 アレロパシーに対する反応

図A アレロケミカルとこれをもとにつくられた除草剤の例

（上段左）ユグロン（5-ヒドロキシ-1,4-ナフトキノン）→ モゲトン（2-アミノ-3-クロロ-1,4-ナフトキノン）

（中段左）ビアラホス（L-アラニル-L-アラニル-ホスフィノトリシン）　　1,4-シネオール → シンメチリン

（下段）レプトスペルモン → メソトリオン

阻害であり，白化症状を発現して雑草を枯死させる．アメリカ合衆国，アルゼンチン，日本でも登録が取得され，グリホサート以降に登録された有力な除草剤とされる．

　筆者らも，アレロパシーに特異的な生物検定法を開発し，世界各地の植物から活性の強いものを探す試みを行っている．その結果，アフリカやアマゾン，東南アジアなどには未知の生理活性物質を含む植物が数多く存在し，特に絶滅危惧種にその活性が強いものが多い傾向があった．将来このようなアレロケミカルから，より安全性が高い除草剤の開発されることが期待される（藤井，2012）．　　　　　　　　　　［藤井義晴］

●引用文献●
藤井義晴：生物系特定産業技術研究支援センター：イノベーション創出基礎的研究推進事業 基礎的研究業務 研究成果集, pp.1-2, 2012. http://www.naro.affrc.go.jp/brain/inv_up/files/2012seikasyu.pdf（2013年11月18日確認）

3 雑草の生活史

3.1 さまざまな生育空間における生活史特性

a. 雑草の生活史特性

　雑草は，それぞれが固有の生活史特性をもち，極めて多様である．しかし雑草は，攪乱のある不安定な立地に生育する点で，樹木や林床に生育する山野草とは異なるいくつかの共通の生活史特性を有する．Baker（1974）は，「雑草としての理想的な生活史特性」として，表3.1に示すいくつかの特性を挙げている．

　雑草の生活史特性の進化を，次世代に残しうる子孫の数で示される適応度（fitness）と関連づけてとらえようとするとき，植物の生活史特性と外部環境との関係を包括的に論じたC-S-R戦略説（Grime, 1977）を用いると理解しやすい．C-S-R戦略説では，植物の生活史特性の進化を支配している主な選択圧を競争，ストレスおよび攪乱であるとしている．ここで競争とは，光や養水分，空間などの利用をめぐる近隣個体間の競争を指し，ストレスとは植物の物質生産を

表3.1　雑草としての理想的な生活史特性（Baker, 1974を改変）

- 発芽要件は，多くの環境のもとで満たされる．
- 内的に制御された不連続発芽をする．種子の寿命が極めて長い．
- 実生の成長が速く，栄養成長から生殖成長に素早く転ずる．
- 自家和合性である．しかし，完全な自殖ではなく他殖も行う．
- 他殖する場合，特別な花粉媒介者を必要としないか風媒である．
- 生育条件がよければ，継続的に極めて多数の種子を生産する．
- 幅広い環境に対する耐性と可塑性をもち，生育条件が悪くてもいくらかの種子を生産する．
- 長距離散布や短距離散布に適応した散布体をもつ．
- 多年生の場合，旺盛な栄養繁殖を行い，断片からも再生する．またちぎれやすく，土壌から引き抜くことは容易でない．
- ロゼット形成，他の個体を絞めつけるような成長，あるいはアレロパシーなどの特別な方法で他種と競争する．

3.1 さまざまな生育空間における生活史特性

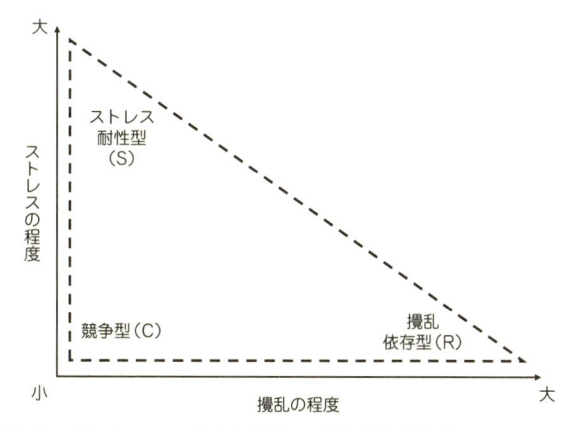

図 3.1 攪乱およびストレスの程度と植物の3適応戦略型（Grime, 1977 より作図）

抑制する光不足や貧栄養などの要因を意味する．また攪乱とは，植物体の一部または全部を破壊する人間活動や土砂崩れ，強風，野火などの外部からの力を指す．Grime（1977）は，これをもとに植物の3適応戦略型，すなわち競争型（competitive plants, C），ストレス耐性型（stress-tolerant plants, S），および攪乱依存型（ruderal plants, R）が進化したと提唱した（図3.1）．雑草はこの3適応戦略型のうち，攪乱が加えられる生態的立地にその生活の場をもつ攪乱依存型の典型で，r-K 選択説（MacArthur and Wilson, 1967；Pianka, 1970）においては r 戦略型に相当する．

攪乱で特徴づけられる，大型の植物との競争がない生育地では，個体死亡率が極めて高いため，個体数が常にその生育地の収容力の上限に満たない．このため高い生産性をもつ方向に選択が働き，雑草の特徴でもある，早熟で小さな種子を多数生産し，一回繁殖型である生活史特性が進化した．

一方で，攪乱の程度や頻度は時と場所によってさまざまであり，さらに攪乱が定期的に生じる予測可能な場合もあれば，不定期で予測不可能な場合もある（図3.2）．例えば，比較的小規模な自家菜園では多種多様な野菜が次々と栽培され，1年の間に播種あるいは移植，収穫が繰り返される．そこでは，ある野菜の収穫が終わると次の野菜を栽培するために耕耘され，さらに野菜の栽培中は中耕除草も行われ，攪乱の頻度が高い．また，栽培される野菜の種類や品種は年によって異なるため，攪乱に周期性はなく予測不可能である．これとは対照的に，イネや

3. 雑草の生活史

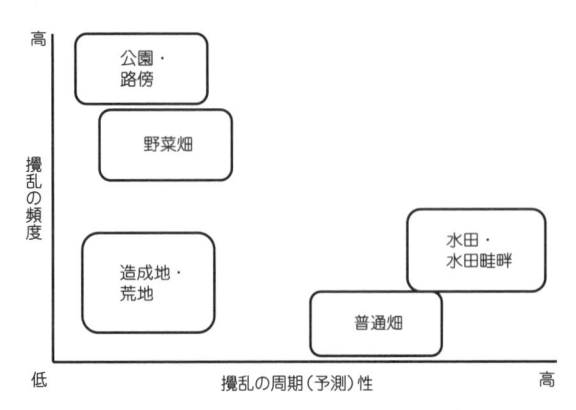

図3.2 攪乱の周期（予測）性と頻度からみた雑草のさまざまな生育地（概念図）

コムギ，オオムギなどの普通作物が比較的大規模に栽培される水田や普通畑では，前述の野菜畑と比較して，栽培に伴う攪乱はより定期的であり，その頻度は低い．雑草の生活の場は，作物が栽培される場のほかに，いわゆる伝統的な農村の安定した畦畔や都市の緑地もあれば，造成地や土砂崩壊地など植生が完全に破壊され，一時的に出現した裸地もある．

このように攪乱の程度は立地によって質量ともに大きく異なり，頻度や周期性も異なる．そのため，個々の雑草がすべて共通の生活史特性をもつわけではなく，現実には攪乱があるさまざまな生態的立地に多様な雑草が生活し，それぞれ特有の雑草群落を形成している．いずれにしても，人間活動は植物にとって攪乱そのものであり，固有の生活史特性をもつさまざまな雑草が，人間活動の影響が及ぶ不安定な生態的立地に生活している．以下，都市と農耕地を例に雑草の生活史特性を解説する．

b. 都市の雑草

都市空間はビルとアスファルト舗装に代表されるが，その構成要素は多様で，それらがモザイク状に混在している．雑草の生育環境としての都市の一般的な特徴には，踏みつけ頻度の高さや，乾燥しアルカリ性に傾いた硬い土壌が挙げられる（飯泉，1975）．しかし，都市で雑草が生育する立地は多様で，それぞれの生育地で多様な雑草植生がみられる．アスファルトに覆われた車道や歩道，駐車場のように地面が露出せず，踏みつけや乾燥などの攪乱やストレスは高いが，他種

との競争は比較的少ない立地もあれば，都市の公園や校庭，神社や寺院の境内，河川敷など地面が露出し，さまざまな生活型の植物が生育し，雑草種子の供給源となっている立地もある．道路と歩道の境界にあるわずかな間隙にも雑草は生育しているし，近年ではビルの屋上や壁面が緑化される例が増加し，そこも雑草の生育地となっている．

都市には多くの外来雑草が生育し，コスモポリタンの特徴をもった種の頻度が高い．また，訪花昆虫の少なさは都市における雑草の分布を規定している要因の1つである．自殖あるいは無配偶生殖（apomixis）であるか，他殖であっても特別な訪花昆虫を必要としない風媒花をもつ種が多い．

ここでは，都市における雑草の生育地のうちアスファルトに覆われた歩道，街路樹の植えマス，および車道の中央分離帯に生育する雑草に対象を絞り，それらの生活史特性を紹介する．

1） アスファルトやブロックで覆われた歩道

都市のほとんどすべての歩道は，アスファルト舗装されているかブロックで覆われている．これらの歩道の縁やブロックの継ぎ目，あるいは破損した部分には必ず砂埃がたまり，雑草が生育している．このような場の特徴として，踏みつけの頻度が非常に高い，植物が利用できる土の層が薄いためしばしば過度に乾燥する，夏季には極めて高い温度にさらされる，コンクリートからの滲出物によって土壌がアルカリ性に傾いている，などが挙げられる（飯泉，1975）．攪乱とストレスの程度が非常に高いため大型の雑草は生育しにくく，ツメクサやスズメノカタビラ，カタバミなど，小型で栄養成長しながら早期から継続的に繁殖する，無限繁殖型（indeterminate）の限られた草種が出現する．

歩道での雑草の生育を規定している要因の1つは，やはり踏みつけである．スズメノカタビラは，約2か月間，$0.1\,kg/cm^2$の強度で毎日10回踏みつけられると，一度も踏みつけられなかった個体と比較して分げつ数や穂数が増加する（表

表3.2 踏みつけに対するスズメノカタビラの反応
（渡辺ら，1998から作成）

形質	踏みつけ処理		
	なし	1日おき	毎日
草丈(cm)	23.4±2.3	13.7±1.2	13.3±2.3
分げつ数	22.7±4.0	27.5±0.6	51.8±5.7
穂数	16.1±2.7	18.6±0.5	21.0±0.7

3.2，渡辺ら，1998)．また，週に一度，0.3 kg/cm^{2}の強度で25回踏みつけられると，単位葉面積あたりの葉重が増加し，頑強さ（toughness）が増加する（Kobayashi and Hori, 1999)．同様の結果はセイヨウオオバコでも報告されており（Dijkstra and Lambers, 1989)，これらの実験結果は歩道に生育する雑草の，踏みつけに対する適応を示している．

2) 街路樹の植えマス

都市の大通りの歩道には，7〜8 m間隔でモミジバスズカケノキ（プラタナス）やイチョウなどが街路樹として植栽されている．街路樹が植えられている株元には，通常1 m×1.5 m程度の植えマスがあり，土壌が露出している．植えマスには，その歩道に接する民家の住民が植木鉢を置いたり，観賞用植物を直接植えている場合もある．この植えマスにも1年を通して雑草が生育している．

植えマスの特徴として，夏季の土壌の乾燥と踏みつけによる硬い土壌が挙げられる．仙台市青葉通りでの調査によると，表土は夏季には永久萎凋点を超えるほど乾燥し，秋に降雨があったときでも有効水分量はわずかで，pHは7.3〜8.7であった（飯泉，1975)．

皇居前の歩道に植えられているエンジュの植えマスにおける調査結果（岩瀬，1989）と，京都市内の歩道に植えられているイチョウの植えマスにおける調査結果（冨永，2001）を表3.3に示す．5月の調査で出現頻度が高かった種は，ハコ

表3.3　植えマスにおける出現頻度の高い雑草（5月）

皇居前の通り*	京都・今出川通り**
セイヨウタンポポ	スズメノカタビラ
ノミノツヅリ	ハコベ類
スズメノカタビラ	セイヨウタンポポ
ハルジオン	ツメクサ
メヒシバ	メヒシバ
ハコベ	ハルジオン
アレチギシギシ	シロツメクサ
ヒメムカシヨモギ	オオイヌノフグリ
コハコベ	チチコグサモドキ
ノボロギク	オオアレチノギク

*岩瀬（1989）による10マスの調査．ハコベはミドリハコベをさすと思われる．
**50マスの調査．

べ類やスズメノカタビラ，セイヨウタンポポで，京都市における調査では，ツメクサやシロツメクサ，オオイヌノフグリも出現頻度が高かった．5月の雑草植生の特徴は，構成種のうちヨーロッパ原産の外来雑草が占める比率が高いことである．また夏になると，メヒシバやオヒシバ，セイヨウタンポポ，アキノエノコログサ，チチコグサモドキの出現頻度が高くなった．東京都における調査では，秋にはハコベ類やセイヨウタンポポ，ノミノツヅリの出現頻度が高くなっている（岩瀬，1989）．

　植えマスの雑草植生を局所的にみると，隣接する植えマスであってもそれぞれの構成種が全く異なる場合が多く，また雑草が全く生育していない植えマスもあれば，雑草による植被率が100％の植えマスもある．例えば京都市での調査では，隣接する3つの植えマスでオロシャギクが被度50～75％で生育していたが，それら以外の植えマスではオロシャギクは全く認められなかった．風あるいは動物散布型の種子をもつ雑草を除けば，植えマス間の種子の移動が限られていること，管理の程度が個々の植えマスによって大きく異なっていること，植木鉢などが置かれ，灌水されている植えマスとそうでない植えマスでは水分条件も大きく異なっていることなどが，植えマス間で雑草植生が大きく異なる理由である．より大きな規模で植えマスの雑草植生をみると，例えば千葉市郊外から東京都心にかけての調査では，都心に近づくにつれ出現種数や植被率が減少することが明らかになっている（Ohtsuka and Ohsawa, 1994）．

　植えマスにおける撹乱やストレスの程度は，前項の歩道と次項で紹介する中央分離帯の中間に位置する．その結果，歩道と比較するとやや大型の雑草が生育しており，多年生雑草の頻度が高い．

3) 道路の中央分離帯

　道路幅の広い大通りには中央分離帯が設けられており，そこにはシャリンバイやトベラなどが植栽され，視界を確保するために低く刈り込まれている．植栽木の株元は土壌が露出しており，ここも都市における雑草の生活の場である．中央分離帯の特徴は，乾燥していることと植栽されている低木が雑草の競争者として存在することである．撹乱の頻度や程度は，歩道や植えマスと比較するとはるかに低い．

　京都市内の中央分離帯の調査では，ヨモギやチガヤ，ヒルガオ類，ギョウギシバなどの多年生雑草の出現頻度が高かった．また，ガガイモやヤブカラシなどの

3. 雑草の生活史

蔓生多年生雑草も生育し，しばしば植栽木の上層に葉を展開している．歩道や植えマスに生育する雑草と比較すると，より競争的な種がここには生育していることになる．また，下層部にはメヒシバやアキノエノコログサ，コニシキソウ，カタバミ，トキワハゼなどが生育し，空き地でよくみられるイヌビエは認められなかった（冨永，2001）．中央分離帯に出現する雑草の多くは，植栽木を移植するときに土壌とともに運ばれた種子や地下茎などの繁殖体，風散布種子に由来すると考えられる．

c. 農耕地の雑草

水田と畑地，野菜畑，果樹園では，そこで栽培される作物や作付け体系が大きく異なり，それに伴う攪乱の程度や頻度も大きく異なっている．また，土壌の水分条件も水田とそれ以外の農耕地では大きく異なっている．このため，水田あるいは畑地，野菜畑，果樹園を生活の場とする雑草はそれぞれの生育地に対応した固有の生活史特性をもっている．

1） 水田雑草

水田は日本の全耕地面積の約60％を占め，そこでは永年にわたり毎年水稲作が延々と繰り返されてきた．水田の夏生雑草は東アジアと共通の種が多く，前川（1943）はそれらを，水稲が日本に伝わったときに随伴して侵入・定着した植物，「史前帰化植物」と呼んだ．一方で水田の冬生雑草は，ヨーロッパ原産で中国大陸を経由して日本に伝わった種が多い．

水田に生育する夏生一年生雑草（3.2.a項参照）は，水稲の播種あるいは移植のための代掻き後に発芽し，水稲の収穫前後にその生活環を終える．また，多年生雑草（3.2.a項参照）も代掻き後に萌芽し，水稲の収穫前後に種子や栄養繁殖器官を形成し終える種が多い．

水田の夏生雑草は，競争者としての水稲の存在に対応した生活史特性をもっている．例えば，水稲群落内では水稲と比較して草高がはるかに低い水田雑草が，群落の最下層に生育している．水田の湛水面の相対照度は，水稲が旺盛に生育する夏季には水稲群落の草冠の15％程度にまで低下して暗く，訪花昆虫が外部から訪れることもほとんどない．夏生一年生雑草であるコナギは開放花と閉鎖花（3.2.c項参照）をつけるのだが，コナギを開放環境下と水稲の生育に合わせ寒冷紗で遮光した環境下で生育させると，遮光処理下での開放花の数は開放環境下

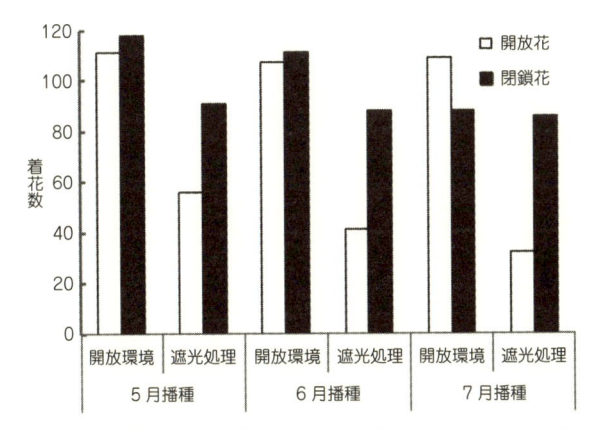

3.1 さまざまな生育空間における生活史特性

図 3.3 開放環境下および遮光条件下で生育させたコナギの開放花と閉鎖花の着花数（Imaizumi et al., 2008 より作成）

と比較して，5月に出芽した個体では約50%に，6月に出芽した個体では約40%に，7月に出芽した個体では約30%にそれぞれ減少した．一方，閉鎖花の数は，5月と6月に出芽した個体では約80%に減少したが，7月に出芽した個体ではほとんど変化しなかった（図3.3）．開放花の相対的な比率は，開放環境下ではほぼ50%であったが，遮光処理下では5月に出芽した個体で約40%に，6月と7月に出芽した個体では約30%にそれぞれ低下した（Imaizumi et al., 2008）．この結果は，訪花昆虫がほとんど訪れることがない水稲群落内の最下層において，閉鎖花を相対的に多くつけることによってより確実に種子を生産する戦略であると推定される．

　水田の冬生雑草の繁殖体は水稲の栽培期間中休眠しており，水稲収穫のための落水後に出芽し，翌春の代掻き前に種子や栄養繁殖器官を形成し終える．このように水田雑草は，夏生雑草においても冬生雑草においても，永年にわたり繰り返されてきた水稲の栽培体系に同調した生活史特性を進化させてきたのである（1.2.d項参照）．

2) 畑地，野菜畑，果樹園の雑草

　畑地や野菜畑，果樹園の環境は，水田とは大きく異なっている．水田では毎年同じ時期に同じように水稲が栽培され，それに伴う耕種操作が繰り返されるのに対し，特に野菜類が栽培される野菜畑では，ムギ類や飼料作物が栽培される普通畑とは異なり，1年の間に栽培される作物の種類が多様で，年によって作物の種

3. 雑草の生活史

類が異なり，耕種操作の時期や種類を予測することができない．このため野菜畑には，栄養成長から生殖成長に速やかに転ずることができる種や，種子の休眠が深い種など，不安定で予測不可能な環境条件に適応した一年生雑草が生育している．

果樹園では，野菜畑と比較すると攪乱の頻度が低い．野菜畑など攪乱が多い生態的立地に主に生育するコハコベと，果樹園などの比較的攪乱が少ない生態的立地に生育するミドリハコベの生活史特性をみてみよう．コハコベは春季から秋季にかけて断続的に発芽し，開花に関する日長反応性は中性で，早産性かつ無限繁殖型（indeterminate）であるため1個体内における種子生産期間が長く，継続して種子を生産する．一方ミドリハコベは，開花に春化を必要とするため秋季に発芽し，翌春開花するという栄養成長期間がより長い生活史特性をもっている．これら2種は近縁であるが，それぞれの生育地における攪乱の様相に対応して，発芽や開花などに関わる生活史特性が互いに異なっている（Miura *et al.*, 1995）．また果樹園では，多年生雑草が優占する例が多く，蔓生雑草も頻繁にみられる．

越年生雑草のうち，水田と野菜畑の両方に生育する雑草では，それぞれの生育地の攪乱の様相に応じて種内で遺伝的に分化し，それぞれ異なる生活史特性をもっている．スズメノテッポウの水田型は，野菜畑に生育する畑地型（松村，1967）と比較すると，種子生産数は少ないがより大きな種子をつける．種子休眠は夏季の高温・低酸素分圧で解消され，稲刈りのための落水後，速やかに発芽し，密な個体群を形成する．この発芽特性は，いずれも他種との競争に有利に働くと考えられる．一方，野菜畑に生育する畑地型の種子休眠は深く，長期間にわたって断続的に発芽する．発芽条件の幅が狭く，休眠覚醒の要因は明らかになっていない（表3.4）．この発芽特性は，予測性が低く攪乱が頻繁に生じる立地において，個体群の維持に有利に働くと考えられる．こういった水田型と畑地型における生活史特性の差異は，永年にわたり周期的な耕種操作が繰り返されてきた水田と，予測性に乏しくて不規則な攪乱が生じより不安定な生態的立地である野菜畑に，それぞれ適応した遺伝子型が残されてきた結果である．

夏生雑草のメヒシバでは，普通畑や水田の畦畔に生育している短日性型の個体と，路傍や園芸畑などの攪乱の予測性が低い生態的立地に多く認められる中性型の個体が存在する（Kataoka *et al.*, 1986）．この2つの日長反応性型への分化は，それぞれの生育地における攪乱の様態に適応した結果である（3.2.b項参照）．

表3.4 スズメノテッポウの畑地型と水田型の生活史特性
（松村，1967を改変）

形質	畑地型	水田型
染色体数	2n=14	2n=14
生育地	畑・路傍	水田（乾田）
種子長(mm)	2.32 ± 0.026	2.99 ± 0.166
百粒重(mg)	18.4 ± 0.35	42.5 ± 6.63
日長反応	長日性	中性
生殖様式	他殖的	自殖的
種子生産数（1穂）	約500	約270
種子休眠性	深い	浅い
休眠性の変異	大	小
休眠解消要因	不明	高温・低酸素分圧
発芽条件の幅	狭い	広い

　以上のように，雑草は作物や野生植物とは異なった，それぞれの生育地の攪乱の程度や頻度に高度に適応した固有の生活史特性をもっている．これらの特性は，雑草の長い進化の歴史の中で，攪乱を回避するために獲得されてきたものである．そして，攪乱の程度や頻度に応じて，多様な雑草が存在し，雑草群落の多様性が維持されている．　　　　　　　　　　　　　　　　　　　［冨永　達］

●引用文献●

Baker, H. G.：*Ann. Rev. Ecol. Syst.*, **5**, 1-24, 1974.
Dijkstra, P. and Lambers, H.：*New Phytol.*, **113**, 288-290, 1989.
Grime, J. P.：*Amer. Natur.*, **111**, 1169-1194, 1977.
飯泉　茂：帰化植物（沼田　真編），pp.43-72, 大日本図書，1975.
Imaizumi, T., Wang, G.-X. and Tominaga, T.：*Weed Biol. Manag.*, **8**, 260-266, 2008.
岩瀬　徹：雑草のくらしから自然を見る，pp.19-30, 文一総合出版，1989.
Kataoka, M., Ibaraki, K. and Tokunaga, H.：*Weed Res., Japan*, **31**, 36-40, 1986.
Kobayashi, I. and Hori, Y.：*Grassl. Sci.*, **45**, 95-97, 1999.
MacArthur, R. H. and Wilson, E. O.：The Theory of Island Biogeography, Princeton Univ. Press, 1967.
前川文夫：植物分類地理，**13**, 274-279, 1943.
松村正幸：岐阜大農報，**25**, 129-208, 1967.
Miura, R., Kobayashi, H. and Kusanagi, T.：*Weed Res., Japan*, **40**, 179-186, 1995.

Ohtsuka, T. and Ohsawa, M.：*Vegetatio*, **110**, 83-96, 1994.
Pianka, E. R.：*Amer. Natur.*, **104**, 592-597, 1970.
冨永　達：植調, **35**, 360-366, 2001.
渡辺　修・冨永　達・俣野敏子：雑草研究, **43**（別）, 58-59, 1998.

3.2　生活環：栄養成長と繁殖

a．雑草の生活環

　ある雑草において，有性繁殖あるいは無性繁殖によって形成された繁殖体が散布され，芽生え，栄養成長を経て生殖成長に転じ，開花・結実し，枯死に至るまでの一生をその雑草の生活環（life cycle）という（図3.4）．雑草はその生活環の長さによって，一年生雑草（annual weed），二年生雑草（biennial weed）および多年生雑草（perennial weed）に区分される．

　一年生雑草はその生活環を1年以内に終え，種子を残す．温度や日長などの季節変化が明瞭な日本では，一年生雑草は，春に発芽し，夏から秋にかけて開花・結実し，冬になると枯死するスベリヒユやメヒシバのような夏生雑草と，秋に発芽し，翌年の春に開花・結実し，夏になると枯死するオオイヌノフグリやスズメノテッポウのような冬生（越年生）雑草に大別される．夏生雑草と冬生雑草のそ

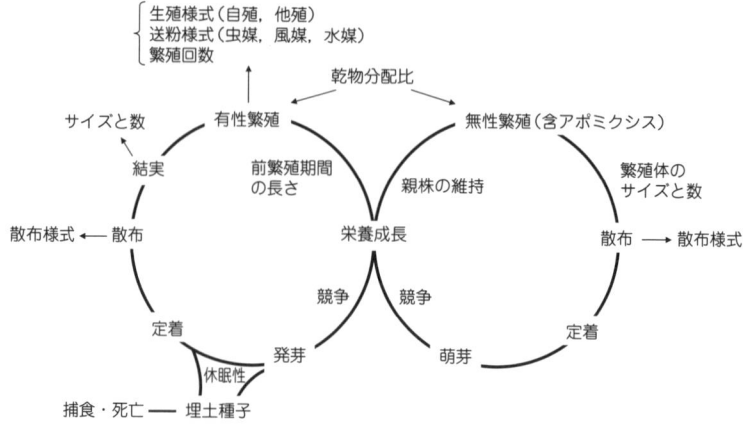

図3.4　雑草の生活環（Kawano, 1975より作成）

3.2 生活環：栄養成長と繁殖

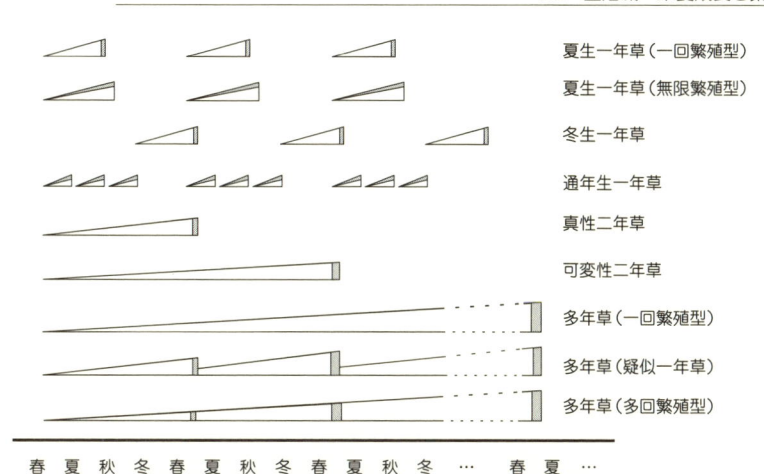

◿ ◿ ◿	夏生一年草（一回繁殖型）
◿ ◿ ◿	夏生一年草（無限繁殖型）
◿ ◿ ◿	冬生一年草
◁◁◁ ◁◁◁ ◁◁◁	通年生一年草
◢	真性二年草
◢	可変性二年草
◢	多年草（一回繁殖型）
◢	多年草（疑似一年草）
◢	多年草（多回繁殖型）

春 夏 秋 冬 春 夏 秋 冬 春 夏 秋 冬 … 春 夏 …

図 3.5 雑草の開花のスケジュール（Harper, 1977 を改変）
灰色の部分は開花期を示す．

れぞれの発芽や開花のタイミングは，温度や日長の季節変化を感知する内的な機構によって制御されている（3.3 節参照）．またトキワハゼやノボロギクなどの種子は，休眠性を有さず，温度や水分，光などの環境条件が満たされればいつでも発芽する．開花に関する日長反応性が中性であるため，季節を問わず開花するのである．このような雑草は通年生一年草（Kimata and Sakamoto, 1979）と呼ばれ，夏生雑草や冬生雑草とは異なり，1 年に複数回世代を更新している．

　二年生雑草は，種子の発芽から 1 年以内には開花せず，2 年目に開花・結実し，枯死する（真性二年草，strict biennial）．個体サイズが 2 年目に一定の大きさに達していない場合は，個体サイズが一定の大きさに達した後に開花・結実し，枯死する（可変性二年草，facultative biennial）．この可変性二年草では，開花・結実に数年を要する場合もある．一般に，同種内ではサイズが大きい個体ほど個体あたりの種子生産数が多くなる．可変性二年草の繁殖特性は個体あたりの種子生産数を最大にする戦略である．また個体群レベルでは，同齢個体が同時に開花しないため環境変動の影響を受けにくい．

　多年生雑草は生活環が多年にわたる．クログワイやウリカワは，親個体の基部から根茎を伸ばし，その先端に塊茎を形成し，親個体自体は 1 年以内に枯死する（3.2.c 項参照）．このように，栄養繁殖器官から萌芽した個体が親個体と毎年入れ替わり，物質生産の観点からみれば一年生のようにふるまう多年生草本を，疑

似一年草（pseudo-annual）と呼ぶ（図3.5）.

　これらの異なった生活環をもつさまざまな種が，生育する場の環境，特に攪乱の程度や頻度，予測性の有無に応じて多様な雑草群落を形成している．攪乱の程度や頻度がより高く，予測性が低い生態的立地，例えば1年に何種類もの野菜が次々と栽培される自家菜園では，一年生雑草は二年生や多年生と比較して発芽から極めて短期間に結実に至るため，その雑草群落のほとんどすべてを占めることになる．一方，攪乱の頻度がより低い生態的立地，例えば果樹園では多年生雑草が優占することになる．

　近年大きな問題となっている外来雑草の分布拡大や，在来近縁種との雑種形成による遺伝的攪乱，雑草における除草剤抵抗性遺伝子の拡散，日本ではまだ実用栽培されていないが遺伝子組換え作物から近縁野生種への遺伝子流動など，雑草の繁殖様式を理解することは，生物学的な興味にとどまらず社会的にも重要な課題である．

b. 栄養成長から生殖成長へ

　雑草が発芽し，栄養成長から生殖成長へ転換する誘因の1つは日長の季節変化である．一方で，雑草の生育地は頻繁に攪乱されるため発芽は不斉一で，時期も変動する．このため，雑草は発芽してから開花に至るまでの栄養成長期間の長さに関して，顕著な表現型可塑性（phenotypic plasticity：生物が生育環境に応じて外部形態や生理状態を変化させうること）を示す．

　夏生一年生雑草のメヒシバを，北海道（渡辺，1978）と埼玉県（高林，1984）において4〜9月にかけて1か月ごとに播種し，出穂までの日数をそれぞれ調査したところ，4月に播種すると北海道では出芽後約120日で，埼玉県では約110日で出穂したのに対し，8月に播種すると両調査地ともわずか40日前後で出穂し，短日性を示した．また同じくメヒシバでは，狭い地域内の生態的立地が異なる個体群の間で，出穂に関する日長反応性が遺伝的に分化している例が報告されている（Kataoka et al., 1986）．普通畑や水田畦畔，路傍，園芸畑など異なる生態的立地由来のメヒシバの種子を4〜9月にかけて1か月ごとに播種したところ，4月に播種したもので出芽後出穂までに119〜123日を要した短日性型の個体と，播種期に関わらず33〜55日で出穂した中性型の個体が認められた．そして普通畑や水田畦畔由来の個体が短日性型であったのに対し，路傍や園芸畑など攪乱の

予測性が低い生態的立地に由来した個体は中性型である傾向があった．この2つの日長反応型は，それぞれの生育地における攪乱の様態，特に攪乱の予測性の高低に対応しているようである．他の植物でも，8月上旬に出芽したヒメイヌビエの個体は草丈10 cm足らずで開花したり，シロザでも播種期が遅くなるにつれ栄養成長期間が短くなる傾向が認められている．これらの雑草は短日を感知して開花に至る短日性植物で，個体サイズが小さくても日長がある限界より短くなれば開花する．一方ツユクサやオオイヌタデは，日長条件に関わらず出芽後ある一定の日数を経た後に開花する中性植物である（渡辺，1978；高林，1984）．

ミドリハコベのように冬生一年生雑草では，その開花に，長日に反応する前提条件として，ある一定期間低温に曝されることを必要とすることもある（春化，vernalization）．

荒地に生育する北アメリカ原産の外来雑草ヒメムカシヨモギでは，種子の発芽時期によって個体の生活環の長さが決定されている．すなわち，散布された種子が未発芽の状態で低温に遭遇すると花成誘導刺激への感受性を獲得し，春から初夏にその種子から発芽した個体は短期間に開花に至る一年生となる．逆に秋に発芽した個体は，根生葉が放射状につくロゼット（rosette）で越冬し，翌秋に開花・結実する二年生となる（吉岡ら，1998）．また，ヒメムカシヨモギと同じような生態的立地に生育するオオアレチノギクは，ヒメムカシヨモギの二年生型と同じように秋に発芽し，ロゼットを形成する．オオアレチノギクは，北海道や東北北部では冬季の厳しい寒さのためロゼットでは越冬できないのに対して，ヒメムカシヨモギは一年生型の生活史特性を獲得した結果，同地域では種子で越冬することができ，分布を拡大している．

植物体の大きさによって栄養成長から生殖成長へ転ずるタイミングが規定されている雑草も多く，これをサイズ依存的繁殖と呼ぶ．カラスビシャクでは，萌芽時に生重が0.79 g以上ある球茎をもつ個体は花茎を抽出するが，それ以下だと花茎を抽出しない（図3.6，図3.7. Tominaga and Nakagaki, 1997）．二年生植物のオオマツヨイグサは，ロゼットが冬の低温に遭遇することとその後の長日条件によって栄養成長から生殖成長に転じ，夏季に開花する．このとき，ロゼットの直径が9 cm以上でないと長日を感知できず，その年には開花することができない（Kachi and Hirose, 1985）．このため，開花するまでに数年かかる場合がある（可変性二年草，Kachi and Hirose, 1983）．

3. 雑草の生活史

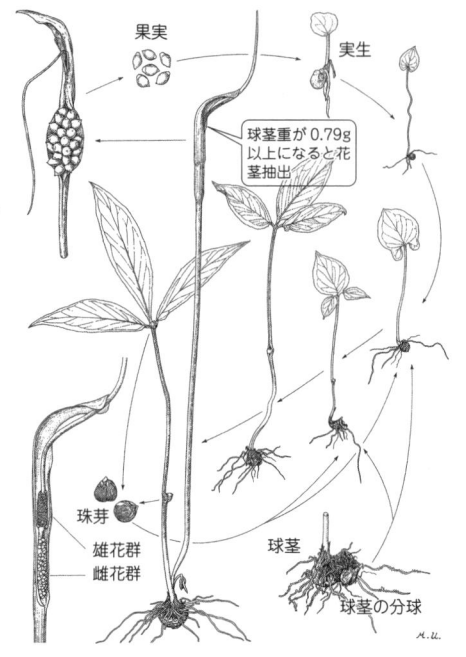

図3.6 カラスビシャクの多様な繁殖器官（Tominaga and Nakagaki, 1997 を改変）

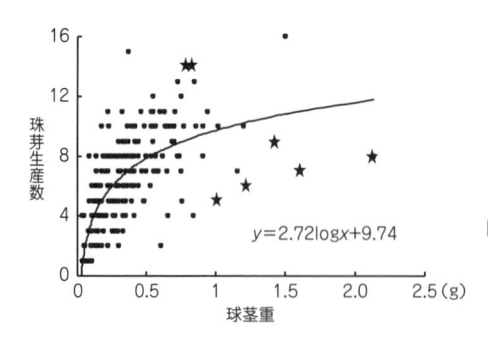

図3.7 カラスビシャクの萌芽時の球茎重と有性繁殖および生産珠芽数（Tominaga and Nakagaki, 1997）★は花茎を抽出した個体．

$y = 2.72 \log x + 9.74$

c．雑草の繁殖

　一年生雑草と二年生雑草は，一生のうち一度だけ種子繁殖する一回繁殖型草本（monocarpic plant）で，散布体は一般に種子である．これに対し多くの多年生雑草は，一生のうち2回以上種子繁殖する多回繁殖型草本（polycarpic plant）である．また，栄養器官（地下茎，横走根，匍匐茎，珠芽など）でも旺盛に繁殖

し，その繁殖様式は極めて多様である（図3.6）．

1） 種子繁殖

雑草の生育地は攪乱で特徴づけられる．雑草はこの攪乱を回避し，種子生産を可能にする繁殖特性を獲得してきた．

種子は通常，花粉の精核と胚珠の卵核および極核の接合によって有性的に形成される．しかし，この雌雄の配偶子の接合なしに種子が形成される場合があり，これをアポミクシス（apomixis）と呼ぶ．一年生雑草は，自家受粉によって正常に受精する自家和合性であるか，あるいはアポミクトである場合が多い．この特性があるため，親個体から遠く離れた場所に種子が散布され，二次遷移の先駆者としてただ1個体だけが開花した場合，あるいは複数個体が開花しても隣接する個体との距離が離れていたり，生育密度が極めて低い場合に，種子を確実に生産することができる．またセイヨウタンポポで認められるように，訪花昆虫の少ない都市部でも種子生産することが可能である．さらに，除草剤が広く使用される農耕地において，適応度の上昇をもたらす除草剤抵抗性の獲得など，その生育地に適応した固有の特性をもつ雑草個体群では，自殖によって他個体群との遺伝的交流が阻害されるため，その適応的な形質を維持できる．このように，自殖には遺伝子の効率的な伝達と確実な種子生産を保証する有利な点がある．一方で自殖を繰り返すとヘテロ個体の頻度が低下し，近交弱勢が生じることや個体群内の遺伝的変異が減少するといった不利な点もある．ほとんどの自殖性の一年生雑草は，自殖だけで種子生産するのではなく，コナギのようにある割合で他殖も行っている．

開花せずに同花受粉（自殖）する花を閉鎖花（cleistogamous flower）といい，雑草には同一個体に開放花と閉鎖花の両方をつける種がある．例えばスミレは春には開放花をつけ，それ以降は継続的に閉鎖花をつける．一方コナギやホトケノザは，1個体の同じ花序に開放花と閉鎖花を同時につける．またマルバツユクサやヤブマメは，地上に開放花を，地下に閉鎖花を形成する．

こういった開放花と閉鎖花の着花割合は，環境条件によって変化する場合が多い．コナギの場合，水稲の生育が進み，水稲群落内の照度が低くなると着花数が減少し，閉鎖花の割合が増加する（3.1.c項および図3.3参照）．またキクモは，抽水状態の茎の葉腋には開放花を，沈水状態の茎には閉鎖花をつける．これらは，開放花による種子生産の可能性が低い条件下でも一定の他殖率を確保しつ

つ，一方で閉鎖花によって確実に，かつより低いコストで種子を生産する両賭け戦略の一例である．

　他殖する雑草の多くは，特定の昆虫だけに送粉を依存するのではなく，多岐にわたる送粉者を活用している．あるいは，風媒である場合も多い．これによって，個体間あるいは個体群間の任意の遺伝的交流を維持し，結果として変異の連続性が保たれている．さらに他殖性の雑草であっても，開花前自家受粉や遅延自家受粉によって他殖を補っている場合もある．

　チガヤやヨモギなど種子と栄養繁殖器官の両方を形成する多年生雑草では，種子は他殖によって形成される例が多い．次項でも扱うが，栄養繁殖器官は親個体と全く同じ遺伝子型である．一方で他殖由来の種子は，同一の親個体由来であっても幅広い遺伝的変異を有する．多年生雑草は旺盛に栄養繁殖し，親個体と遺伝的に同一の繁殖体を確実に確保する一方で，他殖によって遺伝的に多様な種子も形成している．

　雑草は，個体あたりの種子生産数に関しても顕著な表現型可塑性を示す．出芽時期が異なるメヒシバとカヤツリグサの種子生産数を調査した結果，5月25日に出芽したメヒシバの個体は1万4911種子を生産したが，8月22日に出芽した個体の種子生産数はその10%程度の1560個であった．また，5月8日に出芽したカヤツリグサの個体あたり種子生産数は11万1449個であったが，8月22日に出芽した個体ではその4%の4366個であった（高林，1984）．

　一回繁殖型雑草の個体サイズと種子生産数の間には，同一種内の個体であれば正の相関があり，栄養成長期間が短い個体は個体サイズが小さく，種子生産数は少ない．逆に，栄養成長期間が長く，十分なサイズに生育した個体は極めて多数の種子を生産する．このように，栄養成長期間の長さを（その結果として個体サイズを）発芽時期に応じて可塑的に変化させうる種が，予測不可能な立地に生育する雑草として現在繁栄している．スカシタゴボウやスベリヒユは，栄養成長を継続しながら次々と花をつける無限繁殖型の雑草で，条件が許せば長期間にわたって継続して種子を形成する．その結果，ときには1個体が20万以上もの種子を生産する一方で，生育条件が悪いときには少数の種子を確実に生産する．

　1個体が種子生産に投資できる資源は限られているため，生産される種子のサイズと数はトレードオフの関係にある（図3.8）．上述のスカシタゴボウの千粒重は59〜85 mg，スベリヒユの千粒重は63〜154 mgであった（高林，1984）．

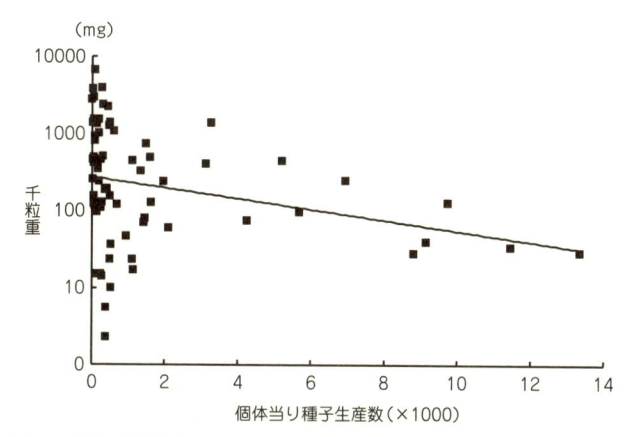

図 3.8 雑草の個体あたり種子生産数と千粒重（草薙，1994 より作成）
1 点は 1 草種を表す．

ちなみに，イネの千粒重は 23 g 程度で，パンコムギの千粒重は 30〜40 g 程度である．小さな種子を多数生産する雑草の特性は，死亡率が極めて高い攪乱地に適応した生活史特性の 1 つである．

2）栄養（無性）繁殖

多年生雑草は，極めて旺盛に栄養繁殖する．栄養繁殖器官は一般に地下深くに形成されることが多く，このことが多年生雑草の防除を困難にしている一因でもある．

栄養繁殖器官は，形成される位置や形態などによって以下のように類別される．地中に形成される茎である地下茎（subterranean stem）には節があり，その節に腋芽がついている．地下茎は，その形態によって根茎（rhizome），塊茎（tuber），球茎（corm）および鱗茎（bulb）に分類され，いずれも光合成産物の貯蔵器官である．チガヤやヨモギでみられる根茎は地中を長く横走し，その節から茎や根を生ずる．クログワイやハマスゲでみられる塊茎は，根茎の一節から数節が肥大した器官である．アギナシやカラスビシャクでみられる球茎は，主茎の基部が肥大し球状になっている．ノビルやヒガンバナでみられる鱗茎は，短縮した茎が多肉になった葉に包まれている．

カタバミやシロツメクサでみられる匍匐茎（stolon）は，根茎と異なり地表を横走する．

3. 雑草の生活史

　キレハイヌガラシやセイヨウトゲアザミにみられる横走根（creeping root）は，外部形態が根茎に極めて類似しているが，節や腋芽がない点で根茎と区別される（伊藤，1993）．横走根も地下茎と同様の光合成産物の貯蔵器官である．

　根茎，匍匐茎および横走根は切断されないと個別の繁殖体とはならず，切断されて初めて各々の切断片が繁殖体となる．また，チガヤの根茎では頂芽優勢が認められず，節ごとに芽が地上に伸長するが，ヨモギの根茎は頂芽優勢を示す．

　カラスビシャクやコモチマンネングサ，ノビルでみられる珠芽（bulbil）は，腋芽などに光合成産物が蓄積され，肥大したり，花が変形したりした器官である．

　多年生雑草の中には，1個体が複数の異なる栄養繁殖器官を同時に形成する種も存在する．球茎のサイズに依存して有性繁殖するカラスビシャクは，多様な栄養繁殖器官を球茎のサイズに依存して形成する．すなわち，球茎の分球によって繁殖するほか，球茎の重さによって決定される葉のサイズが一定以上になると葉柄に珠芽を形成する．さらに大きくなると，葉柄と葉身の基部の両方に珠芽を形成する（図3.6. Tominaga and Nakagaki, 1997）．

　栄養繁殖器官は，種子と比較してはるかに大量の光合成産物を貯蔵している．このため，栄養繁殖器官から萌芽した個体はサイズが大きく，初期成長が早い．その結果，生育初期の死亡率が実生より低くなり，また地中深くから出芽することが可能であるが，個体あたりの生産数は種子と比較してはるかに少ない．また，栄養繁殖器官は水分含量が多く，極端な乾燥や湿潤，あるいは高温や低温などに対する耐性が低いため，寿命は種子ほど長くない．加えて，サイズが大きく重いため，人為的に運ばれる場合を除き，遠距離散布されることはない．

　多年生雑草における種子と栄養繁殖器官への光合成産物の配分比率は，種類や生育する条件によって異なるが，これも多年生雑草の可塑性の高さを示すものである．

　以上のように，雑草はそれぞれの生育地の温度や日長，土壌養水分，撹乱の程度や頻度，予測性の高低などの環境条件に応じて，一年生雑草と二年生雑草は種子繁殖によって，多年生雑草は種子繁殖と栄養繁殖によってそれぞれの個体群を維持している．

〔冨永　達〕

● 引用文献 ●

Harper, J. L. : Population Biology of Plants, Academic Press, 1977.
伊藤操子：雑草学総論, pp.71-95, 養賢堂, 1993.
Kachi, N. and Hirose, T. : *Oecologia*（*Berl.*）, **60**, 6-9, 1983.
Kachi, N. and Hirose, T. : *J. Ecol.*, **73**, 887-901, 1985.
Kataoka, M., Ibaraki, K. and Tokunaga, H. : *Weed Res., Japan*, **31**, 36-40, 1986.
Kawano, S. : *J. Coll. Lib. Arts, Toyama Univ.*, **8**, 1-36, 1975.
Kimata, M. and Sakamoto, S. : *J. Plant Res.*, **92**, 122-134, 1979.
草薙得一：雑草管理ハンドブック（草薙得一・近内誠登・芝山秀次郎編）, pp.30-35, 朝倉書店, 1994.
高林 実：農研センター研報, **2**, 75-123, 1984.
Tominaga, T. and Nakagaki, A. : *Weed Res., Japan*, **42**, 18-24, 1997.
渡辺 泰：北海道農試研報, **123**, 17-77, 1978.
吉岡俊人・佐野成範・佐藤 茂：植調, **32**, 11-17, 1998.

● コラム ● **クローナル植物シロツメクサの魅力**

シロツメクサは，幸福のシンボルといわれる四つ葉を探したり，ティアラをつくって遊んだりと，大いに親しまれてきた雑草である．刈取りや家畜の採食などの攪乱に強く，栄養価に優れ，窒素固定も行うため，世界的に重要な牧草として広く栽培されてもいる．草丈が低く，地面に密生するが，草丈を決めているのは葉柄であり，また地面に密生できるのはストロン（匍匐茎）による．この葉柄とストロンこそ，シロツメクサの魅力のもとである．

いろいろな場所で葉柄長を調べてみると，30 cm から 5 cm 未満まで大きく変異する．この変異は遺伝子型による部分もあるが，環境の違いによっても起こる．光がよく当たる場所で丈を高くするのは無駄である．一方で，光を遮られる場所で丈が低いままでは光を獲得できず，生死に関わる．そこで，遮光に反応して丈を高くして葉を上げ，遮光を回避するのである．シロツメクサの葉柄長は，適応的可塑性のよく知られた例である．

また，シロツメクサはストロンで資源獲得器官である葉と根を空間的に配置する．では，実際にストロンを何本出し，どのくらい広がるのだろうか？ ある放牧地で2年目個体を追跡したところ，5月はわずか $0.1 \times 0.1 \, m^2$ の広がりであったが，10月に

は1.0×1.2 m²まで，ほぼ放射状に広がった．5月のストロン数は12本，総ストロン長は23.0 cm，モジュール（分節構造の基本単位，「1個の節と節間，葉と葉柄，腋芽」からなる）数は54個であったが，10月にはそれぞれ168本，1188.1 cm，1393個となった．

このように広がっていくと，個体の部分ごとにさまざまな微小環境と出会うことになる．その出会った微小環境に応じて，葉柄長だけでなく，節間長や分枝率も可塑的に変化させ，葉や根の空間配置を調節している．そうすることで，好ましくない微小環境はすばやく通過し，好ましい微小環境では旺盛に資源を獲得できると考えられている．

さらにストロンでつながることによって，個体内の部分間で光合成産物や水分，養分をやりとりできる．これを生理的統合といい，個体内の部分間で資源を共有し，不利な部分を支えるという利点がある．例えば，個体の一部が植食者に食害されるとそのシグナルを個体内に伝え，健全な部分の防御を促すという利点もありうる．Gómez et al．（2008）はシロイチモジヨトウガ幼虫を使った室内実験から，食害されつつある個体が，まだ食害されていない若葉の化学成分や物理的性質を変化させて餌としての質を低下させることを発見した．個体の一部が食害されると，若葉の魅力を下げてリスク分散をはかり，大事な若葉を守ろうとするようである．

一方，生理的統合には全身性の病原体に弱いという欠点がある．例えば個体のほんの一部が感染しただけでも，維管束を介してクローン全体に広がるおそれがある．van Molken and Stuefer（2011）によると，ストロン基部側の葉にシロツメクサモザイクウイルスを接種すると，すぐに頂端部の若葉にまで広がってしまう．このウイルスは感染個体との接触で伝播するため，感染個体から他クローンへ，そして異種の宿主植物へと広がっていく可能性がある．彼らはストロンをウイルス拡散のハイウェイと見立てており，ストロンが枯れるまで，遮断されることはないとしている．

古いストロンが枯れると，個体の部分と部分は分かれ，それぞれ独立した個体となる．前述の追跡個体では，個体内のすべてのストロンが9月までつながり，全体として1個の個体であった．ところが，10月に数本のストロンが主根と分離し，個体は8個のラメット（ストロンでつながったモジュール群，1つのモジュールをラメットと呼ぶこともある）に分かれ，さらに翌年4月には33個のラメットと化した．各々のラメットは別のクローンと出会うだけでなく，同じクローンの個体（血縁個体）とも出会うようになった．

では，シロツメクサは血縁個体に対してどのようにふるまうのだろうか？　競争を回避するようにふるまうのだろうか？　その一端を知るために，血縁個体どうしと，血縁のない個体どうしをそれぞれポットに移植し，葉柄長や根重を調べる実験が行わ

れている．Lepik *et al.* (2012) は，血縁度の高い芽ばえと低い芽ばえをそれぞれ高密度と低密度の条件でポットに植えた．血縁度が低い場合に高密度区の葉柄長が低密度を上回ったのに対し，血縁度が高い場合は両区間に差がなく，光競争を回避していることが示唆された．さらに血縁度が高い場合，高密度区で頭花への分配割合が増加した．一方，Falik *et al.* (2006) は，生理的に統合している個体では，地下部競争を回避している可能性があることを示唆している．

このように，可塑性，採餌行動，生理的統合，分業，誘導的防御，血縁認識など魅力的な視点から，シロツメクサの葉柄とストロンが研究されている． ［澤田　均］

● 引用文献 ●

Falik, O., de Kroon, H. and Novoplansky, A. : *Plant Signal. Behav.*, **1**, 116-121, 2006.
Gómez, S., Onoda, Y., Ossipov, V. and Stuefer, J. F. : *New Phytol.*, **179**, 1142-1153, 2008.
Lepik, A., Abakumova, M., Zobel, K. and Semchenko, M. : *Func. Ecol.*, **26**, 1214-1220, 2012.
van Molken, T. and Stuefer, J. F. : *Botany*, **89**, 573-579, 2011.

3.3 種子散布と発芽の生物学

a．発芽の空間的分散：種子散布

雑草は，他植物との競争ストレスは小さいが，ときおり植生が破壊されるような攪乱地において，個体群全滅のリスクを軽減しながら繁殖を最大化するために，種子（果実を含む広義の繁殖体あるいは散布体）の発芽を空間的あるいは時間的に分散させる仕組みを備えている（Harper *et al.*, 1970）．

安定した環境において，親植物体が育っている場所は子孫の生存にとってもよい場所のはずである．しかし攪乱地では，その好適環境が破壊されるリスクが高く，しばらく攪乱が起こらなければ植生遷移が進行し，雑草が生育できる生態的空白地が消失する．植物は，種子を親植物体から離れた場所に散布するさまざまな様式を進化させているが（表3.5），そういった仕掛けを利用して，発芽する場所を微細域に，あるいは広域に分散させながら，攪乱地で繁栄している雑草がある．

種子の散布過程は，一次散布と二次散布に分けられる（図3.9）．一次散布は登熟種子の親植物体から土壌表面までの移動で，二次散布はその後の水平方向あ

3. 雑草の生活史

表 3.5　種子散布の様式

散布型	特徴	雑草の例
風散布	冠毛や翼など風を受けやすい形態を有する．埃種子は非常に軽く，空中を舞う	ヒメムカシヨモギ，チガヤ，オオイタドリ，タカサゴユリ
水散布	水滴散布と水流散布がある	タカサブロウ，オモダカ
動物散布	付着散布と被食散布がある．passive external（鉤，刺，毛や粘着物質による付着散布），active external（貯食型散布，周食型散布やアリ散布），passive internal（採食対象物への混入による被食散布），active internal（動物の選択的採食による被食散布）に分けられることもある（Wilson and Traveset, 2000）	オオオナモミ，コセンダングサ，チカラシバ，オオバコ，ホトケノザ，イチビ（飼料混入雑草），ヨウシュヤマゴボウ
自動散布	果実の裂開に伴って種子が弾き飛ばされる	カタバミ，カラスノエンドウ
重力散布	鉛直方向へ落下し，親植物体近傍に分布する	シロザ，コハコベ，イヌビエ

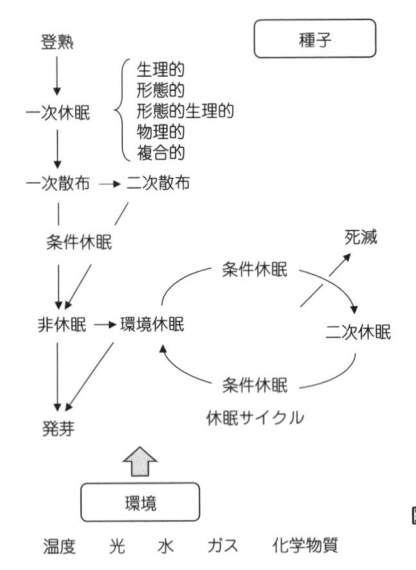

図 3.9　種子の散布と休眠・発芽の概念
（吉岡，2011に加筆）

るいは垂直方向への移動である（Chambers and MacMahon, 1994）.

　散布された種子の二次元分布の様相を，シードシャドー（seed shadow）という（Janzen, 1971）．シードシャドーの構造は，親植物体からの距離を横軸に，種子密度を縦軸にしたグラフで表されることが多く，グラフの形状は指数的減衰を示し，尖り（ピークの高さと尾の長さ）が散布による種子分散程度の指標となる（Wilson and Traveset, 2000）.

1) 一次散布

　風散布型植物の一次散布によるシードシャドーは，風速，地形，植生など環境要因の影響を強く受ける．植物自身が進化させうる形質は，種子の落下速度に関係する種子（果実）と風散布器官（冠毛や翼）の形状や重量，および植物の高さであり（Wilson and Traveset, 2000），シードシャドーの解析パラメータとして用いられる．代表的な風散布型雑草であるヒメムカシヨモギにおけるモデル計算では，生産種子の74.5%が親植物体から10 m以内に分布し，0.2%の種子が500 mまで運ばれる結果が得られている（Dauer *et al.*, 2007）．実測データでも，75%の種子が10 m地点で，1.9%の種子が500 m地点で回収されており，1個体あたりの種子生産数を20万とすると，400～3800粒の種子が500 m以上の距離を散布されるようだ．これこそヒメムカシヨモギが，攪乱地の放浪種として成功している理由の1つでもある．

　一方で，痩果/冠毛の重量比が異なる風散布型のキク科雑草18種においては，最大種子散布距離が1.5～11.4 mと計算されており（Sheldon and Burrows, 1973），その他のモデル解析結果を総合して，一般的には，風による一次散布のシードシャドーは広範囲ではないと考えられている（Wilson and Traveset, 2000）．

2) 二次散布

　二次散布に関する物理的要因として，種子形状，微細地形，土壌孔隙，風，雨などが挙げられており，攪乱頻度が高い立地においては，シードシャドーや埋土種子集団形成への影響が大きいことが指摘されている（Chambers and MacMahon, 1994）．

　水田水系では，水流による二次散布が雑草分布に影響していると考えられる．果皮がスポンジ状の果実をつけるタカサブロウや，表面がワックス質で水をはじきやすい種子を形成するイヌホタルイなどは，浮遊性が高く水流散布に適した種子形質をもつ水田雑草である．一方でミズアオイなどは，種子の沈水性を高めた水流散布様式を有している．

　また動物による二次散布は，水平方向への種子移動だけでなく，埋土種子形成に関連する垂直方向への移動の面で寄与が大きい．進化論で有名なダーウィンが1881年にミミズによる種子の地下への移動を発表しているように，ミミズの活動によって埋土種子集団が形成されることに関して多くの報告がある（Grant,

1983).例えば土壌表層に一様に一次散布されたスズメノカタビラ種子やコハコベ種子が,ミミズ放飼区では垂直方向に地下 20 cm まで分布する事例や(Booth et al., 2003),温帯の草地では実生の 70% がミミズの糞塊から発生した事例がある(Chambers and MacMahon, 1994).

雑草学的見地からは,人為による種子の二次散布が重要である.耕耘に伴って,水平方向あるいは垂直方向へ非意図的に雑草種子が散布されることは免れないが,侵略性の高い雑草種子を意図的に散布することに対しては,厳重な注意が払われなければならない.

b. 発芽の時間的分散:種子休眠

雑草が,攪乱による植生破壊を避けながらときおり出現する繁殖好適期に生育するには,発芽を時間的に分散させる必要があり,そのために不可欠な仕組みが種子休眠である.雑草防除者からみれば,1 シーズン中に繰り返し除草しなければならないことや,ある年の除草を徹底しても翌年には再び繁茂することなど,雑草根絶の難しさの大きな要因の 1 つが種子休眠にあるといえる.

多くの雑草種子では,登熟の過程で一次休眠が誘導される(図 3.9).一次休眠にある種子は,散布後に後熟して非休眠状態になり,一部は発芽し,一部は埋土種子となって休眠サイクルに入る.休眠サイクルでは,環境休眠,条件休眠,二次休眠の順に休眠状態が移行し,発芽や死滅に至るまで繰り返される.

環境休眠は,非休眠種子が発芽阻害条件におかれているために発芽しない現象で,環境休眠状態にある埋土種子が耕耘によって太陽光に曝されるなど,発芽阻害が解除されることで,雑草の不斉一発生が起こる場合が多い.条件休眠は,休眠と非休眠の移行段階であり,例えば発芽可能温度範囲などの発芽条件が休眠から非休眠へ移るにつれて拡大する(Vegis, 1964).また二次休眠とは,一次休眠が覚醒して非休眠となった種子が,再び休眠に入った状態をいう.一般に,夏生雑草種子では夏季の高温が,冬生雑草種子では冬季の低温が二次休眠を誘導し,夏生雑草種子では冬季の低温が,冬生雑草種子では夏季の高温が,それぞれ二次休眠打破に働く(吉岡,2011).

1) 全滅リスクの分散

それでは,攪乱地のように破壊的な環境変化が起こる場所で,全滅のリスクを軽減しながら個体群成長を最大にするには,どの程度の種子休眠性が獲得されれ

ばよいのだろうか．Cohen（1966）はこの問いに対する 1 つの解，すなわち任意に変化する環境における最適繁殖に関するモデルを提唱した．このモデルは両賭け戦略理論へと発展していったのだが，ここでは MacArthur（1972）による Cohen モデルの考察を詳しくたどってみよう．

ある年の最初の雨で G%の種子が発芽する N_0 個の種子個体群があるとする．発芽個体あたりの種子生産数（増殖率）は，植物体の生育に好適な年には S，最初の雨以降に降雨がない生育不適年では，繁殖できず 0 とする．また，その年に発芽しなかった休眠種子は，翌年に発芽が繰り越されるとする．

ここで，ある年が好適年である確率を P，不適年の確率を $(1-P)$ と仮定すると，T 年間において，好適年は PT 回，不適年は $(1-P)T$ 回出現するので，T 年後の種子個体群 N_T は，

$$N_T = N_0(GS+1-G)^{PT} \times (1-G)^{(1-P)T} \tag{3.1}$$

となり，T 年間の平均増殖率 R は，

$$R = \sqrt[T]{N_T} = N_0(GS+1-G)^P \times (1-G)^{(1-P)} \tag{3.2}$$

となる．ここで，R を最大にする G の値が知りたいのであるから，(3.2) 式の極値を求めればよい．すなわち，

$$R' = (S-1)P(GS+1-G)^{(P-1)}(1-G)^{(1-P)} - (1-P)(GS+1-G)^P(1-G) = P = 0 \tag{3.3}$$

として G について解くと，

$$G = \frac{SP-1}{S-1} \tag{3.4}$$

となる．植物では個体あたりの種子生産数 S は非常に大きいので，

$$G = \frac{SP-1}{S-1} \fallingdotseq P \tag{3.5}$$

とできる．

以上から，不適年の出現割合にほぼ等しい割合の種子が休眠する，という結論が導き出される．例えば，好適年確率 $P=0.25$，種子生産数 $S=10000$ を (3.4) 式に代入すれば，発芽種子割合 $G=(2500-1)/(10000-1)=2499/9999 \fallingdotseq 0.25$ となるので，休眠種子割合 $(1-G)$ は 0.75 となり，不適年割合 $(1-P=0.75)$ と等しくなる．

ここまでが Cohen の解であるが，これは個体群全滅のリスクを時間的に分散させる発芽戦略のみを前提にしている．MacArthur は Cohen モデルをさらに展

開し，空間的リスク分散力の高い植物では（3.4）式が $G>(SP-1)/(S-1)$ となって，G が 1 に近づき，休眠種子が存在しない可能性さえあることを推論した．その可能性に関して，Grime et al.（1981）は，イングランド中部に生育する植物 403 種の生活史に関わる種子形質のデータから，一次休眠性が小さい種では種子散布機構が発達している場合が多いことを示しているし，Klinkhamer et al.（1987）は，空間的分散力が増大すれば最適休眠割合が小さくなることを理論的に検証している．実際に，風散布型のヒメムカシヨモギやチガヤ種子は，登熟後間もない段階でも好適条件であれば，高い発芽率を示すことが報告されており（佐野，2000；水口ら，2002），休眠性が小さいといえる．

個体群全滅のリスク分散に寄与する要因として，空間や時間に加えて，表現型変異および他種との関係が指摘されている（Den Boer, 1968）．耕地雑草にしばしば認められる高い可塑性や人との深い関わりは，雑草にとって表現型変異や他種関係がリスク分散に重要な要因であることを示しており，その重要性が増大するほど散布や休眠にかけるコストが減少すると考えられる．例えば水田畦畔雑草のアゼオトギリは，絶滅危惧 IB 類に指定されている希少植物であるが，種子は休眠性が小さく，発芽条件が広範囲であり，特別な散布様式を備えていない．また乾燥と被陰に弱いため，実生の生存には畦畔が適当な高さに草刈されている必要がある．さらに，個体の分布は畦畔法面の水路際に集中しており，競争者のいない水路上に枝を伸ばして生育している（吉岡，2014）．これらの特徴は，アゼオトギリがリスク分散を他種との関係，特に人との関わりに強く依存していることを示している．近年になって畦畔管理方法が変わり，従来の人との関係性が失われたことが，空間的および時間的リスク分散力が乏しいアゼオトギリを絶滅危惧種へ追いやったと推察される．

三浦（2007）は，一年生雑草のリスク分散戦略として，無限繁殖の考え方を提示している．その中で，攪乱地を空き地，普通畑，園芸畑に類型化し，それぞれの立地において空間的分散戦略，時間的分散戦略，無限繁殖戦略が選択される要件を考察している．表現型変異および他種との関わりを含めた分散戦略相互の関係性については，今後の検証が期待される．

2）埋土種子の環境因子感知機構

種子を休眠させてリスクを時間的に分散している植物では，好適期をうまくとらえて生育しなければ，休眠そのものがコストになってしまう（Rees, 1997）．

3.3 種子散布と発芽の生物学

攪乱地に生える雑草は，埋土種子が時間的にも空間的にも断続して出現する好適環境を感知して発芽する仕組みを発達させているが，種子が環境に応答して発芽するためには，一次休眠あるいは二次休眠が覚醒して，環境休眠状態におかれていなければならない（図3.9）．その状態にある種子の発芽誘導に働く環境因子には，温度，光，水，ガス，化学物質があり，特に重要なのは温度と光である．

ⅰ）**温度** 夏生一年草イヌビエと冬生一年草ミドリハコベの埋土種子の，季節に伴う発芽可能温度範囲変化と発芽パターンを図3.10に示す．種子の発芽可能温度範囲の広さは，休眠程度の指標となる．イヌビエ種子は，散布直後の10月には一次休眠にあるが，冬季から春季にかけてゆっくりと休眠覚醒し，4～5月には非休眠となり，6～7月にかけて速やかに二次休眠に入る．一方ミドリハコベ種子は，夏季に一次休眠が徐々に覚醒して，8月下旬から10月には非休眠状態となり，11～12月にかけて急速に二次休眠が誘導された．そして，イヌビエは4月下旬から5月上旬に，ミドリハコベは8月下旬から9月中旬に，それぞれ一斉に種子発芽した．つまり，両種とも発芽するべき時期に種子を環境休眠状態においておき，あとは土壌温度が発芽温度範囲にオーバーラップするタイミン

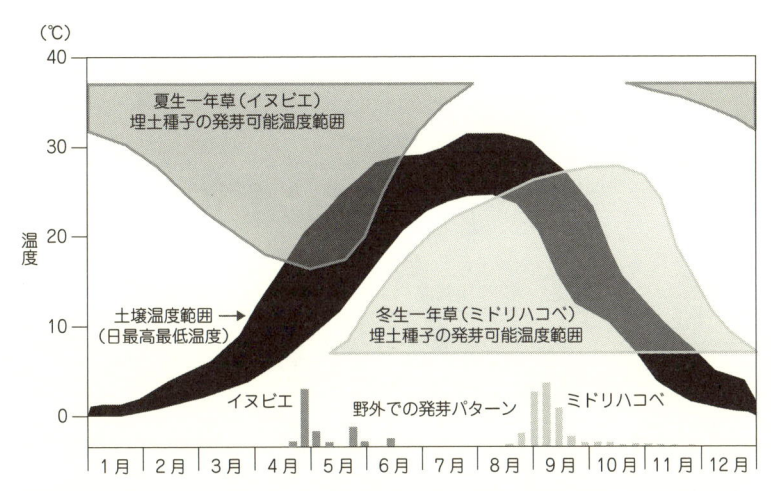

図3.10 夏生一年草と冬生一年草の埋土種子の発芽可能温度範囲の季節変化と発芽パターン（吉岡ら，2009）
仙台市で採種したイヌビエとミドリハコベの種子を，仙台市の土壌中1 cmに埋土した．経時的に掘り出して，暗黒下での種々の温度条件で発芽を調べ，5%の種子が発芽する温度を求めた．

3. 雑草の生活史

グで発芽が誘導される仕組みを備えている．この仕組みは，多くの夏生一年草および冬生一年草で一般的にみられる（Probert, 2000；Vleeshouwers and Bouwmeester, 2002）．

では，埋土種子を環境休眠状態におく仕組みとはどのようなものだろうか．ミドリハコベ種子は夏季に発芽可能温度範囲が拡大したが，その上限温度は5月から8月中旬の間，土壌温度範囲の下限値よりも常に5℃ほど低く推移した（図3.10）．つまり，ミドリハコベなど冬生一年草にとって，秋発芽タイミングの決定に関わる環境休眠維持機構は，夏期間における高温発芽阻害だといえる．

次に，埋土されて暗黒下（赤色光/遠赤色光比が小さい光条件）におかれた種子の高温発芽阻害機構を，アブシシン酸（ABA）とジベレリン（GA）の働きに基づいて考えてみよう（図3.11）．暗黒下では，活性型 GA 生合成の鍵酵素である *GA3ox*（GA3-酸化酵素遺伝子）の発現低下による GA 量減少（Toyomasu *et al.*, 1998）と，ABA 生合成の鍵酵素 *NCED*（9-シスーエポキシカロテノイド・

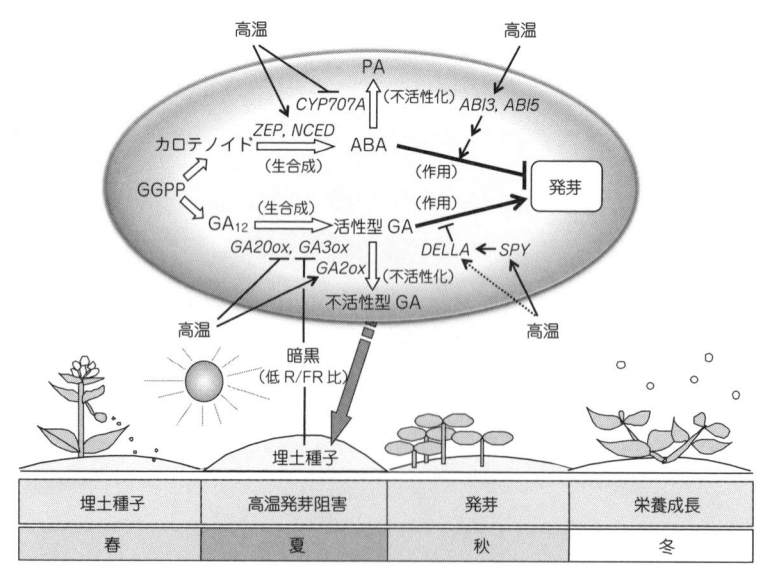

図3.11　冬生一年草埋土種子の高温発芽阻害機構（吉岡ら, 2009を改変）
レタス種子およびシロイヌナズナ種子を用いた研究に基づくモデルである．白抜きの矢印は ABA と GA の生合成と代謝不活性化の経路，黒矢印は促進，T バーは阻害を示す．
GGPP：ゲラニルゲラニルピロリン酸，PA：ファゼイン酸．

ジオキシゲナーゼ遺伝子）の発現上昇による ABA 量増加（Sawada *et al.*, 2008）が起こる．また高温条件では，ABA 生合成系の *ZEP*（ゼアキサンチンエポキシダーゼ遺伝子）と *NCED* の発現低下，および ABA 代謝不活性化の鍵酵素である *CYP707A*（ABA 8′位-水酸化酵素）の発現低下によって，ABA 量が増加する（Toh *et al.*, 2008；Argyris *et al.*, 2008）．さらに，ABA 作用に対する種子の感受性が高温下で増加する現象（Gonai *et al.*, 2004）については，シロイヌナズナ種子での *ABI3* とレタス種子での *ABI5* の関与が報告されている（Tamura *et al.*, 2006；Argyris *et al.*, 2008）．高温下では，GA 生合成系の *GA20ox*（GA20 位-酸化酵素）と *GA3ox*（GA3 位-酸化酵素）の発現低下，および GA 代謝不活性化系の *GA2ox*（GA2 位-酸化酵素）の発現上昇が起こり，GA 量が減少する（Toh *et al.*, 2008；Argyris *et al.*, 2008）．加えて，GA 情報伝達を負に制御する *SPY* と *DELLA* の発現が高温で上昇するので（Toh *et al.*, 2008；Argyris *et al.*, 2008），GA の発芽促進作用が低下する．

　以上をまとめると，暗黒による GA 量減少と ABA 量増加，および高温による ABA 量増加，ABA 感受性増加，GA 量減少，GA 感受性減少が進行するように，遺伝子発現が制御されると解釈される．Argyris *et al*.（2011）は，高温で発芽が阻害されるレタスと，光条件下であれば高温でも種子発芽が起きるトゲヂシャの組換え近交系を用いて量的形質遺伝子座（QTL）解析を行い，高温発芽阻害に関する表現型変異を 58％説明する QTL として *Htg 6.1* を特定している．たいへん興味深いことに，*Htg 6.1* の中心領域にはレタス種子の ABA 生合成に機能する *LsNCED4* が座上しており，GA による発芽促進を説明する QTL が *Htg6.1* とほぼ一致する．これらの結果から，*NCED* がレタス種子高温発芽阻害機構の主役であることが確定的となっている．

　また，ABA 生合成阻害剤フルリドンによる高温発芽阻害の解除効果が冬生一年草の 19 種中 17 種で認められており（Yoshioka *et al.*, 1998），この *NCED* 機能に一般性があることが示されている．すなわち，冬生一年草の高温発芽阻害は，*NCED* の発現調節によって大きく制御され，ABA と GA の生合成系と代謝不活性化系の酵素遺伝子，および ABA と GA の作用に関わる遺伝子の発現調節によって，細かく制御されていると考えられる．

　さて，前述のミドリハコベは発芽を秋に限定している真性冬生一年草であり，林縁など攪乱地の中では環境変化の程度が小さく，植生推移の季節性が高い場所

に生育している.その近縁種のコハコベは,基本的に秋季に一斉に発芽するものの,夏季にも断続的に発芽する可変性冬生一年草であり,園芸畑や樹園地などの雑草となっている (Miura *et al.*, 1995).ミドリハコベとコハコベの種子を埋土し,7月に掘り上げて発芽試験を行うと,コハコベの発芽上限温度はミドリハコベよりも約5℃高い結果になる (Yoshioka *et al.*, 2003).ミドリハコベが5月中旬から8月上旬において,種子の発芽上限温度を土壌温度よりも常に5℃程度低くして発芽を抑制している(図3.10)ことを考えると,コハコベ種子の発芽上限温度は土壌温度の下限値に近接している.つまり,コハコベは *NCED* 遺伝子発現を種子が緩やかに高温発芽阻害される程度に調節することで,夏季にも断続的に発芽できる性質をもち,耕地雑草となりえていると考えられる.

ⅱ)光 埋土種子にとって,いつ発芽するかを感知する環境因子が温度であるならば,どこで発芽するかを感知する主要な環境因子は光である.自然光に含まれるさまざまな波長の光のうち,発芽を誘導するのは660 nm 付近の赤色光(R)であり,逆に730 nm 付近の遠赤色光(FR)は発芽を阻害する.R と FR に対する種子の発芽反応は可逆的であって,最後に照射された光の種類によって発芽するかどうかが決定される (Borthioka *et al.*, 1952).一般に光発芽という場合は,このような R-FR 可逆的発芽反応を指す.

R-FR 可逆的発芽反応の生態的機能としては,植生ギャップあるいは裸地の検出と土中深度の感知が挙げられる.緑葉を透過した光は FR に富んでおり (Pons, 1983),また土壌中では数 mm の深さでも R/FR 比が急激に低下する (Pons, 2000).光発芽性種子は FR による発芽阻害を受けることで,種子のおかれた場所が,すでに他の植物体に被陰されていたり,深すぎる土壌中であったりして発芽後の実生成長に適さない環境であることを感知すると考えられる.例えば,緑葉透過光の R/FR 比は 0.18 であるが,オオバコの種子は R/FR 比が 0.2 を下回ると著しく発芽阻害されることが報告されている (Pons, 2000).雑草のように明るい光環境に生育する草本種の種子サイズは,基本的に林縁や林内に生育する植物の種子に比べて小さいことが知られているが,そういった小サイズの種子は光発芽性である割合が高い (Milberg *et al.*, 2000).

R-FR 可逆的反応は,$10^{-7} \sim 10^{-4}$ mol/m^2 程度のわずかな量のパルス光照射によって現れるので,低光量反応(LFR)と呼ばれ,その光受容体分子種は phyB である.また,低光量反応の10万分の1の $10^{-12} \sim 10^{-9}$ mol/m^2 の光量で種子発芽

が誘導される超低光量反応（VLFR），および数時間以上の白色光連続照射に相当する 10 mol/m^2 以上の光量で，植物種によって発芽促進あるいは発芽阻害の影響が現れる遠赤色光-高照射反応（HIR）も知られている．これらの VLFR と HIR は不可逆的反応であり，光受容体分子種は phyA である．LFR を仲介する phyB は種子の形成過程で合成されて蓄積するが，VLFR と HIR を仲介する phyA は種子の吸水後に合成されるため（Shinomura et al., 1996；Shichijo et al., 2001），親植物から散布された種子が湿潤な土壌中にあるときに，VLFR による発芽誘導，あるいは HIR による発芽誘導または発芽阻害が現れることがある．

　雑草種子が，埋土後に光発芽性を示すことは以前から知られていた（Wesson and Wareing, 1969）．Scopel et al.（1991）はツノミチョウセンアサガオを用いて，種子が埋土後に VLFR を獲得することを初めて明示し，VLFR をもつようになった種子がわずか 0.01 秒間太陽光に曝されるだけで，土中で発芽することを報告している．アメリカ合衆国で行われているプラウ耕では，掘り返された種子が再び土に埋まるまでに太陽光にあたるチャンスが平均 0.25 秒間ある．この時間内で受けることのできる光は，LFR に必要な光量の 10 分の 1〜1000 分の 1 にすぎないが，VLFR には十分である．中耕など土壌攪乱を伴う除草作業自体が雑草発生を誘導することは，よく知られている．雑草の生態や管理を考える上で，種子が土壌中で VLFR を獲得する性質についても着目する必要がある．

［吉岡俊人］

●引用文献●

Argyris, J., Dahal, P., Hayashi, E., Still, D. W. and Bradford, K. J.：*Plant Physiol.*, **148**, 926-947, 2008.

Argyris, J., Truco, M. J., Ochoa, O., McHale, L., Dahal, P., Deynze, A. V., Michelmore, R. W. and Bradford, K. J.：*Theor. Appl. Genet.*, **122**, 95-108, 2011.

Booth, B. D., Murphy, S. D. and Swanton, K. D.：Weed Ecology in Natural and Agricultural Systems, CABI Publishing, 2003.

Borthwick, H. A., Hendricks, S. B., Parker, M. W. and Toole, E. H.：*PNAS*, **38**, 662-666, 1952.

Chambers, J. C. and MacMahon, J. A.：*Ann. Rev. Ecol. Syst.*, **25**, 263-292, 1994.

Cohen, D.：*J. Theor. Biol.*, **12**, 119-129, 1966.

Dauer, J. T., Mortensen, D. A. and Vangessel, M. J.：*J. Appl. Ecol.*, **44**, 105-114, 2007.

Den Boer, P. J. : *Acta Biotheor.*, **18**, 165-194, 1968.

Gonai, T., Kawahara, S., Tougou, T., Satoh, S., Hashiba, T., Hirai, N., Kawaide, H., Kamiya, Y. and Yoshioka, T. : *J. Exp. Bot.*, **55**, 111-118, 2004.

Grant, J. D. : Earthworm Ecology (Satchell, J. E. ed.), pp.107-122, Springer, 1983.

Grime, J. P., Mason, G., Curtis, A. V., Rodman, J. and Band, S. R. : *J. Ecol.*, **69**, 1017-1059, 1981.

Harper, J. L., Lovell, P. H. and Moore, K. G. : *Ann. Rev. Ecol. Syst.*, **1**, 327-356, 1970.

Janzen, D. H. : *Ann. Rev. Ecol. Syst.*, **2**, 465-492, 1971.

Klinkhamer, P. G. L., de Jong, T. J., Metz, J. A. J. and Val, J. : *Theor. Popul. Biol.*, **32**, 127-156, 1987.

MacArthur, R. : Geographical Ecology : Patterns in the Distribution, pp.165-168, Harper & Row, 1972.

Milberg, P., Andersson, L. and Thompson, K. : *Seed Sci. Res.*, **10**, 99-104, 2000.

Miura, R., Kobayashi, H. and Kusanagi, T. : *Weed Res., Japan*, **40**, 179-186, 1995.

三浦励一：農業と雑草の生態学―侵入植物から遺伝子組換え作物まで（種生物学会編），pp.275-296，文一総合出版，2007．

水口亜樹・西脇亜也・小山田正幸：日本草地学会誌，48,216-220,2002．

Pons, T. L. : *Plant Cell Env.*, **6**, 385-392, 1983.

Pons, T. L. : Seeds : The Ecology of Regeneration in Plant communities, 2nd edition (Fenner, M. ed.), pp.237-260, CABI Publishing, 2000.

Probert, R. J. : Seeds : The Ecology of Regeneration in Plant communities, 2nd edition (Fenner, M. ed.), pp.261-292, CABI Publishing, 2000.

Rees, M. : Plant Life Histories (Silvertown, J., Franco, M. and Harper, J. L. eds.), pp.121-142, Cambridge Univ. Press, 1997.

佐野成範：東北大学大学院農学研究科学位論文，2000．

Sawada, Y., Aoki, M., Nakaminami, K., Mitsuhashi, W., Tatematsu, K., Kushiro, T., Koshiba, T., Kamiya, Y., Inoue, Y., Nambara, E. and Toyomasu, T. : *Plant Physiol.*, **146**, 1386-1396, 2008.

Scopel, A. L., Ballaré, C. L. and Sánchez, R. A. : *Plant Cell Env.*, **14**, 501-508, 1991.

Sheldon, J. C. and Burrows, F. M. : *New Phytol.*, **72**, 665-675, 1973.

Shichijo, C., Katada, K., Tanaka, O. and Hashimoto, T. : Phytochrome A-mediated inhibition of seed germination in tomato. *Planta*, **213**, 764-769, 2001.

Shinomura, T., Nagatani, A., Hanzawa, H., Kubota, M., Watanabe, M. and Furuya, M. : *PNAS*, **23**, 8129-8133, 1996.

Tamura, N., Yoshida, T., Tanaka, A., Sasaki, R., Bando, A., Toh, S., Lepiniec, L. and Kawakami, N.：*Plant Cell Physiol.*, **47**, 1081-1094. 2006.

Toh, S., Imamura, A., Watanabe, A., Nakabayashi, K., Okamoto, M., Jikumaru, Y., Hanada, A., Aso, Y., Ishiyama, K., Tamura, N., Iuchi, S., Kobayashi, M., Yamaguchi, S., Kamiya, Y., Nambara, E. and Kawakami, N.：*Plant Physiol.*, **146**, 1368-1385, 2008.

Toyomasu, T., Kawaide, H., Mitsuhashi, W., Inoue, Y. and Kamiya, Y.：*Plant Physiol.*, **118**, 1517-1523. 1998.

Vegis, A.：*Ann. Rev. Plant Physiol.*, **15**, 185-224, 1964.

Vleeshouwers, L. M. and Bouwmeester, H. J.：*Seed Sci. Res.*, **11**, 77-92, 2002.

Wesson, G. and Wareing, P. F.：*J. Exp. Bot.*, **20**, 414-425, 1969.

Wilson, M. F. and Traveset, A.：The Ecology of Regeneration in Plant communities, 2nd edition（Fenner, M. ed.）, pp.85-110, CABI Publishing, 2000.

吉岡俊人：雑草学辞典 CD 版（日本雑草学会編），日本雑草学会，2011.

吉岡俊人：里地里山里海の生きもの学——農業生態系の生物多様性：雑草から生産と環境の調和を考える（吉岡俊人編著），pp.9-28，福井県大学連携リーグ，2014.

Yoshioka, T., Endo, T. and Satoh, S.：*Plant Cell Physiol.*, **39**, 307-312. 1998.

Yoshioka, T., Gonai, T., Kawahara, S., Satoh, S. and Hashiba, T.：The Biology of Seeds：Recent Research Advances（Nicolás, G., Bradford, K. J., Côme, D. and Pritchard, H. W. eds.）, pp.217-223, CAB International, 2003.

吉岡俊人・籔　茂雄・川上直人：発芽生物学—種子発芽の生理・生態・分子機構（種生物学会編），pp.49-70，文一総合出版，2009.

4 雑草の群落動態：侵入定着と生育型戦術

4.1 種の入れ換えメカニズム

　雑草群落における種の入れ換えは，①一年草のうち，相対的に高温を好む夏草と低温を好む冬草の季節的なもの，②作物の管理や非農耕地の利用法の変化に起因するもの，および，③管理や利用の放棄に伴う二次遷移の進行に伴うものに分けることができる．

　四季の明瞭な日本でも，秋と春の気象条件は類似している点が多く，夏草が秋に，あるいは冬草が春に発芽した場合，発生してきた幼植物はその後に訪れる気象環境ストレスによって枯死する確率が高いだろう．このとき，休眠性を雑草が獲得すれば発芽の季節的なタイミングをはかることが可能になり（小林，2009），上述の①などでは，種子休眠のような主として種に固有の生理的特性が入れ換えに反映されることになる．

　本節では，入れ換えに雑草群落の構造が大きく関与している②と③に焦点を当てて解説する．

a. 雑草群落の構造と機能

　作物が主体となる農地生態系や，雑草や人里植物と呼ばれる種群から構成される水田畦畔，河川堤防，道路法面などの非農耕地生態系において，その生態系が極めて安定ならば，系を構成する個体の寿命による枯死と，それに代わる新しい芽生えの発生による個体の入れ換えはあっても，新しい種の侵入による「種の入れ換え」は容易に起こらない．一般に生態系の安定性は，変化に対する抵抗力（resistance）の大きさと，動揺（perturbation）に対する復元力（resilience）の2点から定義されている（Mitchley, 2001）．例を挙げれば，前者は伝統的な畦畔草地に帰化植物が侵入しにくいという，草地の帰化植物に対する抵抗力であり，後者は野火や過放牧などの動揺に続く草地の回復力の大きさである．

4.1 種の入れ換えメカニズム

　雑草の侵入がみられる農地生態系では，主体となる作物の植栽密度，植栽の方法，品種および生育初期に作物が空間を占有する割合を最大限にする作付の時期が，農地生態系の安定性と深く関わっている（Mohler, 2001）．農耕地において，特定作物に対する適切な除草剤がなかったり，異常気象によって多くの雑草が侵入・発生してくることが予想される場合は，作物の品種や植栽日を考慮しながら作物の植栽密度をある程度増加させることで，雑草の侵入はかなり阻止できる．雑草が初めから混在する農耕地生態系の作物の優占度は，作物と雑草が競争を開始する時点における両者の草丈，現存量および葉面積によって決まってくる．すなわち，①作物の生育初期の成長を最大にするような植栽密度と植栽日の設定，②大きな種子あるいは苗を用意する，③もともと生育初期の成長が大きいか急速に大きくなる品種を用意することによって，作物を雑草より相対的に有利にすることができる．その結果，作物の茎葉によって土壌表層を，根によって土壌中の広い範囲を占有された農耕地生態系では，新たな雑草の侵入は難しい．特に草丈の伸びる作物は，その光環境を良好にする半面，周囲の光環境を悪化させるため混在する雑草の生育を抑制する効果が大きい．雑草に影をつくる位置に作物が葉を広げ，地下部では根系を展開するのならば，光と栄養塩の欠乏に敏感に反応する種の多い耕地雑草にとっては致命的である．

　一方，非農耕地生態系では，多数種の雑草（人里植物を含む）が織りなす草本群落の構造が系の安定性に深く関わっている．一般に，非農耕地の草本群落を形成している種別の現存量は，図 4.1 の優占度-順位関係からわかるように，生態系の大半を占める種からごくわずかな種までさまざまである．この違いに着目した Grime（1998）は，生態的な特性に基づき構成種を，優占種（dominants），下位種（subordinates），一時滞在種（transients）の 3 つのクラスに分けた．このうち，優占種は普通その数は少ないが，形態的には草丈が高く，大きな広がりをもち当該生態系に占める現存量の割合が大きい種である．また，下位種は優占種の個体よりも多くの個体から成り立っているが，草丈は低く生態系に占める現存量の割合は小さい種で，終始一貫して特定の優占種とともに生存しているものが多い．残る一時滞在種は生態系にとって異質な種であり，この種の系に対する関与は非常に小さい．機能的な特性は一様でなく，ほとんどの一時滞在種は芽生えか幼個体のことが多い．その多くはしばしば，近くの環境条件の異なる立地の優占種や下位種である．

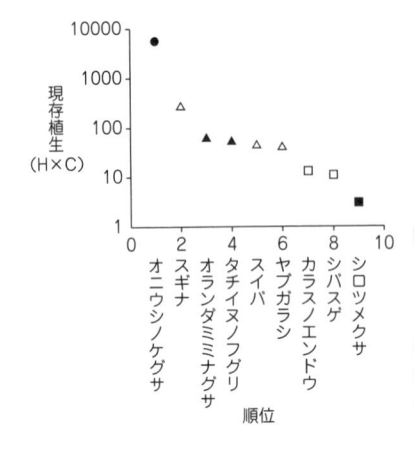

4. 雑草の群落動態：侵入定着と生育型戦術

図 4.1 オニウシノケグサ型河川堤防草地の優占度-順位関係（2013 年の未公表データに基づき東京大学大学院農学生命科学研究科大学院生の安部真生が作成）
●：優占種，△：下位種，□：一時滞在種．白色は在来種，黒色は外来種．現存量は，各種の自然草高（H）と被度（C）の積算値から求めた．

（順位：1 オニウシノケグサ，2 スギナ，3 シバスゲ，4 オランダミミナグサ，5 タチイヌノフグリ，6 スイバ，7 ヤブガラシ，8 カラスノエンドウ，9 シロツメクサ）

表 4.1 草本植物の優占指標の項目として取り上げた特性とその分類（Grime, 2001）

特性	特性の分類
①草冠の高さ（最大値）	1．<260 mm；2．260〜500 mm；3．510〜750 mm；4．760〜1000 mm；5．>1000 mm
②形態	0．小型一年生草；1．大きく生育する一年生草；2．コンパクトな分枝しない根茎，または小型の叢生（直径100 mm 以下）する多年生草；3．地下茎が直径 100〜250 mm までに達する多年生草；4．直径が 260〜1000 mm に達する多年生草；5．直径が 1000 mm 以上になる多年生草
③相対成長率（g/g/week）	1．<0.31；2．0.31〜0.65；3．0.66〜1.00；4．1.01〜1.35；5．>1.35
④ある生育期間から次の生育期間までの間に堆積した落葉の最大値	0．なし；1．厚みがなく，堆積が持続しない；2．薄いが持続的に堆積する；3．10 mm までの厚さで堆積；4．50 mm までの厚さで堆積；5．50 mm 以上の厚さで堆積

　構成種が安定性など生態系の機能を左右する力はどれも同じではなく，系全体の現存量に占める当該種の現存量の大きさに依存するようである（Huston, 1997）．そうであるならば，安定性を含む生態系の機能は優占種の特性によって大きく決定づけられることになり，下位種や一時滞在種の種数の変化による種の豊かさの変動は，系の安定性にはほとんど影響しないであろう（Grime, 1998）．
　では，優占種のどのような特性が，生態系の外にある新しい種の侵入に反映されるのだろうか．種の特性（traits）とは，種の生態的な機能を決定づける物理

的および生理的特徴のことである．特定の特性がある種の優占に関与していることはさまざまなタイプの草本植物で知られており，それを評価するための優占性の指標（index of dominance）が提唱されている（Grime, 1973）．この指標は，①草冠の高さの最大値，②横方向への広がりの最大値，③乾物生産の相対的な速度，④地表面に堆積した落葉の量の4つの特性を5段階で評価し（表4.1），各項目で得られた得点の合計を2で除し，0〜10の範囲で優占性を評価するものである．①〜③は混在する他種の生育空間と光環境を規制する特性であり，④の特性は群落内での種子発芽や芽生えの成長を大きく規制する要因となる．

b．構成種の生育型戦略

生態系を構成している雑草は，各種の現存量が違うだけでなく，形態や生育の仕方もさまざまである．例えば，イネ科牧草が優占する人工草地に発生する雑草が生活空間を確保する仕方は，空間を立体的に占有する陣地強化戦術と，平面的に生育地を広げる陣地拡大型に大別でき，両者の組み合わせも含めて以下の4つのグループに分けることができる（Nemoto and Mitchley, 1995；根本，1998）．

陣地強化型：　特定の土地に立体的に葉層を展開してその土地を占拠し，他の植物が侵入するのを防いでいる．しかし，光に対する他植物との競争に負けて種子を散布する前に枯死すれば，次世代個体の再生産が困難となる．オオブタクサ，ギシギシ類，ススキ，カモガヤ，オニウシノケグサなどは，定着した場所で草丈を高くし，同時に葉面積を増しながら陣地を強化し，他の植物を自分の周囲から排除する．

陣地拡大型：　葉層を平面的に分散させ，さまざまな立地条件の土地へ進出し，行きあたった好適な立地での光合成によって生存している．はじめに定着した場所の葉層が枯死しても，他の地点に広がった茎から不定根が発生していれば，そこを中心に再度周辺に広がることも可能である．ミツバツチグリ，ヘビイチゴ，ジシバリなどは，匍匐茎によって占有空間を拡大するこの戦術をとる．生育型戦術に基づく空間競争モデルによれば，強化，拡大のどちらの戦術も，最終的には周辺植物の密度に大きく影響を受けることがわかっている（Yamagata and Nemoto, 1992）．

走出枝や匍匐茎を広げる陣地拡大型雑草はクローナル植物ともいわれ，生育に適すると考えられる明るい場所や肥えた土壌では節間が短くなり，さかんに走出

4. 雑草の群落動態：侵入定着と生育型戦術

枝や匍匐茎が分枝し，狭い範囲内に大きなかたまりがいくつも形成される．逆に生育不適地の暗く痩せた場所では分枝が少なく，間隔を長くして小さなかたまりをつける．ミツバツチグリやヘビイチゴがその例で，ゲリラ（guerrilla）型と呼ばれる．一方，整列した密なかたまりをつくるジシバリやムラサキサギゴケはファランクス（phalanx）型と呼ばれる．

使い分け型： 発生した侵入個体の周囲の環境条件に呼応して，陣地強化型や陣地拡大型に自在に変化するメヒシバやツユクサなど．使い分け（unconstrained）型雑草は，周囲を優占種に取り囲まれた群落の中では陣地強化的な生育型を示し，サイズの極めて小さな個体でもしばしば栄養成長から生殖成長に転換し，花芽の分化がみられる．一方，裸地空地に発生した場合は，多くの不定根を発生させ，著しく大きなジェネット（同一遺伝子型で，クローン成長して形成される株の集まり）を形成する．

陣地強化-拡大型： 地上部では立体的に葉層を展開しつつ，地下部では根茎や横走根によって地中を広がっていき，そこから規則的に茎を出すチガヤやセイタカアワダチソウなど．

c. 侵入雑草の定着適地

雑草や野草の生えている非農耕地や，作物の優占する農地における雑草種の入れ換えは，さまざまな要因によって生じた群落構成種の枯死と，他から侵入してくる雑草の定着によって達成される．前者には上述した各種雑草の生育型戦術が大きく関与するが，後者では侵入してくる種の繁殖体（種子やムカゴなど）の特性と，侵入した先の物理化学性や周辺植生の状態との相互作用によって決まってくる．

群落内に侵入した繁殖体は休眠が覚醒すると発芽を開始し，ついで土壌表層から茎葉が出芽することで侵入が確認される．発芽した個体が繁殖体の貯蔵物質を使い切り，独立した個体として成長するようになるまでが定着の過程である．発芽や定着のタイミングは，侵入雑草の特性である種子のサイズ，休眠の程度，茎と根の伸長割合などと，侵入立地の土壌の温度や湿度の変動，土壌水分，埋土された繁殖体の深さ，周辺植生の草冠による遮光の程度などとの相互作用によって決まる．

雑草繁殖体が発芽し，定着するのに適した環境条件を備えた場所は定着適地

(セーフサイト)と呼ばれる．繁殖体の休眠が打破され，発芽が進み，草食動物・病気などの危険因子や，周辺個体による被陰から種子や芽生えが保護されることが，定着適地に要求される環境条件である．これらの環境条件を満たす場所は少ないため，定着の初期は雑草の生活史の中で最も死亡率が高くなる（Harper, 1977）．

d．利用・管理条件下における種の入れ換え

　非農耕地の利用法や農地の管理方法が変化すれば，混在する雑草の種類も変わってくる．例えばイネ科草本が優占していても，その種類や管理法が変われば，図4.2に示すように侵入種が共存可能となる空間の様相が変化するので，発生する雑草の種類や量はかなり異なってくる．

　草丈の低い低茎草のシバが優占する立地（図4.2A）には，ほとんどすべての種が侵入可能である．しかしその立地は，刈取り，踏みつけ，放牧などの攪乱圧をかなり強く受けているため，攪乱後に再生可能な種しか共存できない．ハルジオン，セイタカアワダチソウなどの大型雑草が混在しているシバ優占地はかなり不安定な生態系で，攪乱圧が弱まれば，そこはただちに大型雑草に入れ換わる．また図4.2Bに示すように，シバが優占できないほど過度に芝生地を利用すると，オオバコ，カゼクサなどの踏圧に強い雑草を除けば，一般の植生再生は難しく，裸地空地面積が拡大することになる．

　河川堤防法面のような，春，秋の年2回刈取り管理を行っているチガヤ優占地（図4.2C）では，刈取り後に侵入種の定着可能な空間（ギャップ）が形成される．そのため，量的に多くはないがセイタカアワダチソウ，ヒメジョオン，オオブタクサ，牧草から逸出したシロツメクサ，アカツメクサ，オニウシノケグサなど，多くの外来雑草が侵入することになる．一方で，農地基盤が未整備の，伝統的な水田畦畔などのチガヤ優占地では，そういったギャップがツリガネニンジン，ノアザミ，ゲンノショウコ，アキノタムラソウ，ワレモコウなどの在来雑草（人里植物）の生育空間となり，植物多様性に富んだ草地になっている（服部，2011）．図4.2Dのようにチガヤの刈取り管理を放棄すると過繁茂状態になり，地表面付近は光不足と落葉の堆積によって他種の侵入が困難になる．特に，チガヤが周年生育しているフィリピン，インドネシアなどでは，森林伐採後に侵入・優占するチガヤが問題になっている．

4. 雑草の群落動態：侵入定着と生育型戦術

　カモガヤ（オーチャードグラス）はわが国で広く栽培されている牧草であり，道路脇などに逸出帰化していることも多い．東北地方のカモガヤ優占草地に侵入する雑草は，生態的特性の異なる大型と小型に分けることができる（Nemoto et al., 1977）．適正管理条件下（図4.2E）では，カモガヤの株間に形成されたギャップで，大型のハルジオン，ヨモギ，エゾノギシギシなどと，小型のオオバコ，カタバミ，ムラサキサギゴケなどが共存している．図4.2Fのような過度な刈取り条件下では，カモガヤの成長抑制や枯死によって裸地空地ができやすくなり，小型の多年生雑草が増える．逆に刈取り回数が減少すると大型のヨモギが増大し，小型雑草の割合が減少する．

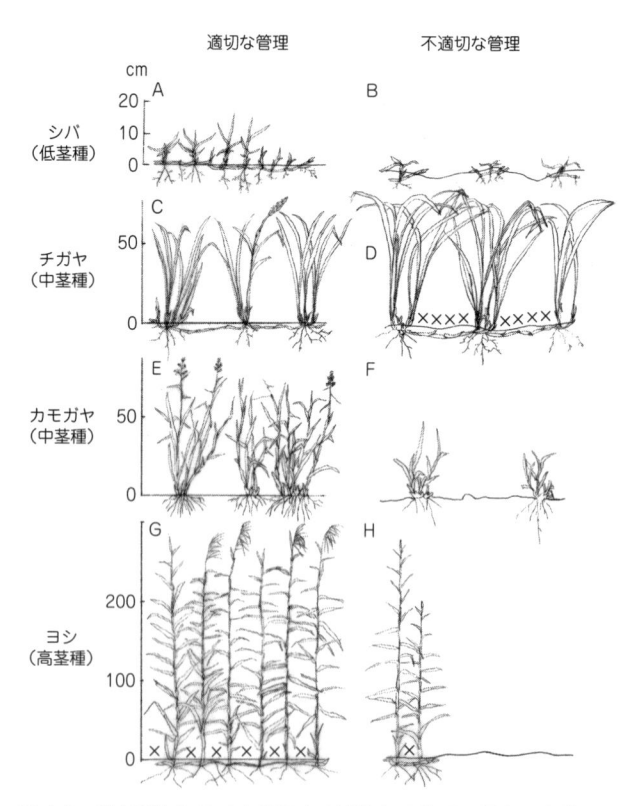

図4.2 優占種となるイネ科草本の形態と下位種の侵入・定着場所
（優占種の影響を強く受けない空間）
× 印は，耐陰性雑草以外は定着が不可能な空間．

一般に牧草地は多肥料条件で利用されるので，牧草の個体間競争が激化して個体が消滅したり，あるいは窒素肥料の多用で生育が促進され，株の貯蔵養分が減少する時期と高温・乾燥とが重なるタイミングで利用されたりすると，多くの牧草個体の枯死によって裸地が形成される．このような人工草地の肥沃な裸地では，まずメヒシバやイヌビエが急速に侵入して牧草と入れ換わり（西村，1988），その後にエゾノギシギシが広がりやすく，今や全国規模で人工草地の強害雑草になっている．

　図4.2Gの，草丈が2〜3mほどになる高茎草のヨシ優占草地では，夏季は地表面まで十分に光が届かないため，耐陰性雑草がわずかにみられるだけである．しかし冬季には地上部が枯死するため，早春に野焼きによって落葉落枝が除かれれば，トウダイグサ，ヘビイチゴ，チョウジタデ，ムラサキサギゴケなどの雑草が共存可能となる．一方，構造改善事業などによってヨシ群落が破壊され土壌の乾燥化が進めば，セイタカアワダチソウなどの外来雑草に入れ換わることが多い．

e. 二次遷移の進行と種の入れ換え

　耕作放棄地や，植生で覆われていた立地を開発してつくった都市内の空地など，埋土種子を含む土地で始まる時間軸に沿った種の入れ換えは，二次遷移と呼ばれている．二次遷移が進行すると，成長が速く寿命の短い種から成長が遅く寿命の長い種に入れ換わっていくが，それに伴って種子の生産が間欠的になり，種子の散布力が遅くなる上，芽生えの定着場所が不足してくるため，種組成の変化は徐々に緩慢になっていく．このような種の入れ換えをそれぞれの種に固有な特性の入れ換えとみなすならば，日本の中生的立地における草本期の二次遷移は，一年生草本期，二年生草本期，種子多産型多年生草本期，種子少産型多年生草本期の4つの段階を経て進行するといえる（表4.2）．

　都市内の空地は，たとえ隣接する場所であっても，放棄直前の利用方法が異なると二次遷移系列上に出現する種もかなり異なる．例えば東京都西部地区の，閉鎖されてから4年経過し，灌木の侵入を防止するため年1回刈取りを行っていたスポーツ・レクリエーション施設跡地の雑草群落の場合は，以下の通りである．

　跡地は，①建物の跡地で赤土が露出していた区，②野球グラウンド内でローラーによる黒土表面の鎮圧が著しかった区，③コンクリート片などがれきが捨てられた区，④野球グラウンド周囲のシバ植栽区の4つの区域に分けられた．①のよ

4. 雑草の群落動態：侵入定着と生育型戦術

表4.2 日本の中生的立地における，草本期の二次遷移の各段階で優占する種（林，2003を改変）

遷移段階	気候帯			
	亜熱帯	暖温帯	冷温帯	亜寒帯
一年生草本期	メヒシバ	メヒシバ ブタクサ エノコログサ	シロザ ハルタデ イヌビエ	コヌカグサ ハルタデ
二年生草本期	オオアレチノギク ベニバナボロギク	オオアレチノギク ヒメジョオン	ヒメムカシヨモギ ヒメジョオン	ヒメムカシヨモギ
種子多産型 多年生草本期	ヒヨドリバナ属	セイタカアワダチ ソウ	ヨモギ	オオヨモギ
種子少産型 多年生草本期	ススキ チガヤ	ススキ	ススキ	ノガリヤス属

うな場所で4年経過すれば通常はセイタカアワダチソウが優占するが，ここでは刈取りの影響か，さまざまな生育型を示す雑草がセイタカアワダチソウと混在していた．②では4年経過後も土壌硬度指数が平均31.5 mmと高く，生育するのは踏圧に強いスズメノカタビラ，オヒシバ，メヒシバばかりであったが，硬度指数が23 mmまで低下した5年目には，ヤハズソウが全面を覆った．③の植被率と出現種数は他区より少なく，遷移の進行が緩慢であり，コセンダングサの発生量が多かった．④では4年近く経過してもシバが優占していたが，これは年1回の刈取り管理によるものだと考えられる．刈取りが行われなかった場所でヒメジョオン，セイタカアワダチソウ，オオアレチノギクの被度が顕著に増大したことからも明らかである．調査地は放棄後4年経過していたが，ほとんどの場所でセイタカアワダチソウが優占する種子多産型多年生草本期まで到達していなかった（村山，2004）．

　土壌を他から搬入して造成した土地でも，用いた土壌の物理化学特性や，埋土種子の組成が異なる場合は，その後の雑草発生量や二次遷移の進行が変化する．千葉県立中央博物館で，黒土（畑土），赤土（ローム土），砂土（山砂）の3つのタイプの土壌を客土して行った試験では，客土後7年目の優占種は土壌タイプで異なり，砂土ではニセアカシア，赤土ではクズ，黒土ではススキであった．砂土でニセアカシアが優占するのは，栄養塩に乏しい土壌環境において，窒素固定能力の高さが競争力の強さと結びついた結果だと考えられる．また赤土ではクズの繁茂が極めて顕著で，他雑草の生育を抑制した．クズも窒素固定能力が高く，日

当たりのよい造成地で優占するが，赤土のどのような特性が繁茂に関係しているのかは，今のところ不明である．ススキはすべての土壌タイプで出現したが，特に黒土での優占が顕著であった（中村ら，2000）．

以上のように，二次遷移の初期における雑草種の入れ換えは，一年生草本，二年生草本，多年生草本の順に進行するが，立地条件の違いによって遷移進行の速度や出現種は大きく変化する．　　　　　　　　　　　　　　　　　［根本正之］

● 引用文献 ●

Grime, J. P. : *Nature*, 242, 344-347, 1973.

Grime, J. P. : *J. Ecol.*, 86, 902-910, 1998.

Grime, J. P. : Plant Strategies, Vegetation Processes, and Ecosystem Properties, pp. 180-187, John Wiley & Sons, 2001.

Harper, J. L. : The Population Biology of Plants, Academic Press, 1977.

服部　保：環境と植生30講（図説生物学30講 環境編1），pp.104-107, 朝倉書店，2011.

林　一六：植物生態学―基礎と応用，pp. 41-73, 古今書院，2003.

Huston, M. A. : *Oecologia*, 110, 449-460, 1997.

小林浩幸：発芽生物学―種子発芽の生理・生態・分子機構（種生物学会編），文一総合出版, pp. 131-152, 2009.

Mitchley, J. : Structure and Function in Agroecosystem Design and Management (Shiyomi, M. and Koizumi, H. eds.), pp. 45-59, CRC Press, 2001.

Mohler, C. L. : Ecological Management of Agricultural Weeds (Liebman, M., Mohler, C. L. and Staver, C. P. eds.), pp. 269-321, Cambridge Univ. Press, 2001.

村山英亮：東京農業大学大学院修士論文，pp. 1-44, 2004.

中村俊彦・山本伸行・横地留奈子・鈴木英孝：千葉県立中央博物館自然誌研究報告，6 (1), 53-66, 2000.

根本正之：雑草研究，43 (3), 175-180, 1998.

Nemoto, M. and Mitchley, J. : *Proc. 15th APWSS Conf.*, 1, 394-399, 1995.

Nemoto, M, Numata, M and Kanda, M. : *Proc. 6th APWSS Conf.*, 2, 614-622, 1977.

西村　格：日本の植生―侵略と攪乱の生態学（矢野悟道編），pp. 129-136, 東海大学出版会，1988.

Yamagata, Y. and Nemoto, M. : Ecological Processes in Agro-Ecosystems (Shiyomi, M., Yano, E., Koizumi, H., Andow, D. A. and Hokyo, N. eds.), pp. 47-54, Yokendo Publishers, 1992.

4. 雑草の群落動態：侵入定着と生育型戦術

●コラム● タイヌビエの変異からイネの伝播経路を探る

　タイヌビエはイネ科の一年生雑草で（図A），田畑での厄介者とされるヒエ属植物の一員であり，生育地は水田である．日本の水田に生育しているヒエ属植物はこのタイヌビエとイヌビエであり，両種をあわせてノビエと総称する．
　タイヌビエは，日本や中国，韓国，インドネシア，タイ，ベトナムなどの東アジアや，アメリカ合衆国やフランス，イタリアなど水稲が栽培される地域に分布・帰化しており，日本では北海道から鹿児島までの水田に普通にみられる．草型はイネによく似ており，イネへの擬態性が認められる．このタイヌビエであるが，日本では水田以外の場所に主だった生育地がないことから，水稲（稲作）の伝播とともに日本に侵入し広がったのではないかと考えられている．これは，タイヌビエの種子（穎果）の出土が，水田の遺構が明瞭となる弥生時代以降である（吉崎，2003）ことからも信憑性が高い．
　そこで思い浮かぶのが，もしイネについてきたのであれば，タイヌビエの日本への侵入と拡散経路を明らかにすれば，イネの伝播経路が推定できるのではないか，ということである．イネの伝播経路は，①中国大陸から直接，②朝鮮半島経由，③沖縄などの南方の島伝い，というように色々と考えられているが，タイヌビエがそれに一石を投じることになれば，水田での厄介者がロマンのある雑草に変わることになる．
　侵入や拡散経路は，対象植物の地理的変異や遺伝的類縁性のデータをもとにして推定される．ちょうど人類学において，顔や骨格，ミトコンドリアDNA変異によって日本人のルーツが推定されたのと同じである．最近では，植物でもDNA変異が利用されるのが一般的であるが，タイヌビエには一目でわかる形態変異がある．それは小穂の形状であり，特徴からF型とC型と区別される（藪野，1950；図B）．F型は第一小花の外穎が平べったく（flat），光沢がないが，一方でC型は第一小花の外穎が突出しており（cube），光沢がある．このうち，突出となるC型が単一遺伝子による優性形質であると考えられている（Yabuno, 1961）．ヒエ属植物の研究を精力的に進めてきた藪野友三郎博士の調査からは，F型は日本海側に，C型は太平洋側に多く分布するという，地理的傾向があることが知られている．
　このように侵入経路の推定に利用できると期待される変異であるが，残念ながら未調査地域も多い．そこで筆者はこの研究を引き継ぎ，2009年より日本でのタイヌビエの収集を開始した．収集できる期間がタイヌビエの出穂期にあたる8月下旬から9月下旬までと限られるため大変ではあるが，5年間で北海道から鹿児島県までの550

郵便はがき

162-8707

恐縮ですが切手を貼付して下さい

東京都新宿区新小川町6-29

株式会社 朝倉書店

愛読者カード係 行

● 本書をご購入ありがとうございます。今後の出版企画・編集案内などに活用させていただきますので,本書のご感想また小社出版物へのご意見などご記入下さい。

フリガナ お名前		男・女　年齢　　歳

ご自宅	〒　　　　　電話

E-mailアドレス

ご勤務先 学 校 名	（所属部署・学部）

同上所在地

ご所属の学会・協会名

ご購読　・朝日　・毎日　・読売 　新聞　・日経　・その他(　　　)	ご購読 雑誌 (　　　　　)

書名（ご記入下さい）

本書を何によりお知りになりましたか

1. 広告をみて（新聞・雑誌名　　　　　　　　　　　　）
2. 弊社のご案内
   （●図書目録●内容見本●宣伝はがき●E-mail●インターネット●他）
3. 書評・紹介記事（　　　　　　　　　　　　　　　　）
4. 知人の紹介
5. 書店でみて

お買い求めの書店名（　　　　　　　市・区　　　　　　　書店）
　　　　　　　　　　　　　　　　　　町・村

本書についてのご意見

今後希望される企画・出版テーマについて

図書目録，案内等の送付を希望されますか？　　　・要　・不要
　　　　　　・図書目録を希望する

ご送付先　・ご自宅　・勤務先

E-mailでの新刊ご案内を希望されますか？
　　　　　・希望する　・希望しない　・登録済み

ご協力ありがとうございます。ご記入いただきました個人情報については、目的以外の利用ならびに第三者への提供はいたしません。

図A 水田で出穂したタイヌビエ
すでに頴果（種子）は成熟しており，さわるとぼろぼろと脱粒する．

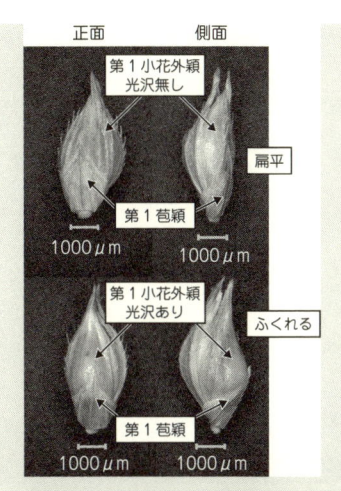

図B タイヌビエの小穂の変異
上段がF型，下段がC型．

地点で収集できた．その結果，詳しい検討はこれからであるが，どうやら日本での両型の出現頻度はほぼ1：1であることがわかってきた．外国ではC型はほとんどないので，日本では特異的に多いことになる．また分布については，F型は東日本での頻度が高く，C型は福岡県を中心とする九州北部と近畿地方で頻度が非常に高いことがわかってきた．自然な拡散ではこのような歪みが生じる可能性は非常に低いので，タイヌビエの侵入や拡散には人為的な影響があったことは間違いないようである．

さらに，北部九州と近畿地方といえば，邪馬台国や弥生時代から古墳時代の主な遺跡のある地域であり，このあたりの歴史に関連づけたくなるが，C型が日本で高い頻度となっていることを含め，この分布の歪みが何を意味しているかは今のところよくわからない．現在，この小穂型の分布の解析とともに，収集したサンプルからDNAを抽出し，類縁関係や地理的変異の解明を進めている．侵入や拡散の全貌が解明される日が待ち遠しい．

［保田謙太郎］

● 引用文献 ●

藪野友三郎：農業および園芸, 35, 83-84, 1950.
Yabuno, T.: *Seiken Ziho*, 12, 29-34, 1961.
吉崎昌一：雑穀の自然史（山口裕文・河瀨眞琴編著），pp. 52-70, 北海道大学図書刊行会, 2003.

4. 雑草の群落動態：侵入定着と生育型戦術

●コラム● **温暖化とチガヤの分布変化**

　1880年から2012年までの133年間で世界の平均気温は0.85℃上昇し，21世紀末の平均気温の上昇幅は，今後の温室効果ガス排出量のシナリオにもよるが，0.3〜4.8℃と推定されている（IPCC，2013）．一方，1898年から2011年の日本の年平均気温は，100年あたりに換算すると約1.15℃の割合で上昇しており，特に1990年代以降，高温となる年が頻出している（気象庁，2013）．こういった温暖化は，雑草に対して発芽やその後の生育，開花・結実など個体レベルへの影響，作物との競合や他種との関わりなど群落レベルへの影響，除草剤の吸収・移行といった雑草防除面への影響など，さまざまな場面で多様な影響を与えている（冨永，2001）．

　チガヤは世界中の熱帯から温帯に分布し，世界の最重要害草10種のうちの1種に挙げられている（Holm et al., 1977）．日本では水田の畦畔や路傍，芝地，果樹園などに広く生育し，種子と根茎によって繁殖する．種子は風媒による他殖で形成され，風散布によってときには海峡を越えることもある（Holm et al., 1977）．根茎は地中を縦横に走り，個体全乾物重の40％以上を占めており，定着後はこの根茎によって旺盛に栄養繁殖し，密な個体群を形成する（Tominaga et al., 1989a）．

　日本に生育するチガヤは，分布域や生活史特性，外部形態の差に基づき，奄美大島以南に分布する亜熱帯型，山形県，宮城県から屋久島に分布する普通型，北海道，青森県，秋田県，岩手県と群馬県や長野県の標高の高いところに分布する寒冷地型の3気候生態型に大別される（Tominaga et al., 1989b）．普通型と寒冷地型はGOTアロザイムの変異によって識別可能で（Mizuguti et al., 2004），Got^aホモ接合個体は普通型，Got^bホモ接合個体は寒冷地型，Got^a/Got^bヘテロ接合個体は普通型と寒冷地型の雑種と判定される．また，葉緑体DNA(cpDNA)の trnL（UAA）3' exon-trnF（GAA）領域にみられる21塩基対の挿入・欠失変異によって両型を識別でき（芝池ら，2002），これを利用して，雑種の母親が普通型と寒冷地型のいずれであるのかを判別可能である．

　東北地方においては，100年あたり1.29±0.74℃の割合で年平均気温が上昇している．夏季の気温に関しては有意な上昇傾向にないが，春季および秋季から冬季には気温の有意な上昇傾向がみられ，冬季の最低気温は過去100年間に日本海側で1.72℃，太平洋側で1.46℃上昇している（竹川，2007）．東北地方では，チガヤは冬季には地上部が完全に枯死し根茎で越冬するため，冬季の最低気温の上昇はチガヤの越冬率にも大きな影響を与えることになる．普通型と寒冷地型の分布は，温暖化，特に冬季の

最低気温の上昇によってどのように変化しているのだろうか．東北地方で2008年以降に新たに採集した個体の遺伝子型を明らかにし，1980年代初めの分布と比較することによって，東北地方における普通型と寒冷地型の分布の変化を探った．

チガヤの普通型は，寒冷地型と比較すると大型で，より侵略的な特性をもつ．また，冬季の最低気温が上昇しているため，1980年代初めと比較すると普通型が北上していると予想したが，2008年以降に東北地方で新たに採集した個体の遺伝子型を解析した結果，山形県および宮城県以北では，普通型と寒冷地型の雑種が広く分布していることが明らかとなった．山形県にはcpDNAが普通型の雑種が多く，青森県，秋田県および岩手県ではcpDNAが寒冷地型の雑種が多く認められた．

普通型と寒冷地型を正逆交雑し，雑種を育成すると，その中には両親である普通型および寒冷地型より草丈が高く，乾物生産量が大きい個体も出現する．チガヤは一度定着した生育地では根茎によって旺盛に繁殖することから，普通型と寒冷地型の分布が接する東北地方では，両型の雑種が形成され，そのうち両親よりも競争力に優る個体が分布を拡大していることが推定された．1980年代初めにも一部の地域で両型の雑種が確認されていたが，近年の雑種の分布拡大は，温暖化とともに，休耕田や放棄水田の増加がチガヤの新たな生育地となっていることも一因と考えられる．

〔冨永　達〕

● 引用文献 ●

Holm, L. G., Plucknett, D. L., Pancho, J. V. and Herverger, J. P. : The World's Worst Weeds, Distribution and Biology, pp. 62-71, Univ. Press of Hawaii, 1977.
IPCC : WGI Fifth Assessment Report, 2013. https://www.ipcc.unibe.ch/AR5/（2013年11月11日確認）
気象庁：日本の年平均気温，2013. http://www.data.kishou.go.jp/climate/cpdinfo/temp/an_jpn.html（2013年11月11日確認）
Mizuguti, A., Nishiwaki, A., Sugimoto, Y. and Oyamada, M. : *J. Japan. Soc. Grassl. Sci.*, **50**, 9-14, 2004.
芝池博幸・秋山　永・汪　光煕・冨永　達：雑草研究，**47**（別），174-175，2002.
竹川元章：日本気象学会東北支部だより，1-2，2007.
冨永　達：農林水産技術研究ジャーナル，**24**, 31-35，2001.
Tominaga, T., Kobayashi, H. and Ueki, K. : *Weed Res., Japan*, **34**, 204-209, 1989a.
Tominaga, T., Kobayashi, H. and Ueki, K. : *J. Japan. Soc. Grassl. Sci.*, **35**, 163-170, 1989b.

4. 雑草の群落動態：侵入定着と生育型戦術

4.2 農耕地の雑草群落

a. 日本の農耕地における栽培管理

　農作物の栽培は，水田であれ畑であれ原則として裸地から開始され，栽培期間中も作物以外の植物が生育しないように管理される．特に，日本の水稲栽培における除草技術は極めて洗練されていて，畦畔から水田を眺めるとほとんど雑草がみられないのが普通である．しかし，何の苦もなくそのような美しい水稲群落ができあがっているわけでは決してない．耕作者の丁寧な作業，そしてそれを支える洗練された農業技術や除草技術が背景にあるのである．日本の水稲栽培における除草技術は，システムとして1つの頂点を極めたものといえる．

　一方，ダイズやムギ類などの土地利用型の畑作では，丁寧な作業を行ってもなお雑草が残るのが普通で，収量皆無と思われるほどの雑草の繁茂も見受けられる．その理由の1つとして，畑圃場の不均質性がある．砕土が細かく均平がとれていて，水が湛えられる水田では雑草の発生は均一で，除草剤もばらつきなく散布しやすい．しかし，畑では水田ほどには均一な砕土はできないので，除草剤散布をはじめさまざまな作業にムラが出やすく，雑草の発生もばらつく．もう一点，今日のような大面積での畑作物栽培の歴史が浅いことに起因する技術の未熟さも挙げられよう．世界的には畑作物用の除草剤は多数あって，さまざまな選択肢が用意されており，そもそも畑作物栽培では除草剤耐性品種と非選択性除草剤の組み合わせによる不耕起栽培が世界の趨勢になっている．しかし，圃場面積が限られ，歴史も浅い日本では農薬登録されている除草剤は多くないし，除草剤耐性作物の商業栽培も行われていない．

　ところで，日本の水田のかなりの面積では，この数十年間にこれまでとは違った管理が行われるようになっている．それは，1971年から国策として推し進められた畑作物への転作である．ダイズを例にとると，2012年産の作付面積の85％は転作田で，北海道を除けばその割合は93％にもなり（農林水産省大臣官房統計部，2012），今やダイズは（湛水しない）水田で栽培するものになっている．転作田には，もともと田であったところで専ら畑作物を栽培（固定転作）するようになった圃場と，ブロックローテーション（地域内の水田を数ブロックに区分し，毎年転作を行うブロックを移動していく方式）などにより田畑輪換を行

う圃場の2通りがあって，このうちブロックローテーションでは3～4年に1年程度畑作を行う例が多い．雑草の生育地としても，転作田は通常の水田や畑と区別する必要があるだろう．

　農耕地は，定期的であれ不定期であれ，耕起や除草剤散布などの攪乱が常に加えられる場所であり，そうした場所に適応した植物群と考えられている雑草の生育地として最も代表的な場所である．これまでの雑草学では，主に農耕地に焦点を当てて群落や個体群の生態を論じ，防除法の開発を目指すことが多かった．そのような見方から一歩引いて農村を俯瞰的に眺めると，低平地に広がる水田には転作田がモザイク状に組み込まれ，それぞれの圃場は雑草が生育する畦畔によって縁取りされ，人や農耕車両が行き来する道のほか，用水のパイプラインや排水路といった水の道によって複数の圃場が相互に接続されている．農耕地の雑草群落の成り立ちには，これらも影響を及ぼしているに違いない．本節では，こうした農業をとりまく情勢の変化や周辺立地とのつながりを考慮しながら，農耕地の雑草群落の姿を考えたい．

b. 耕地内個体群の周辺個体群への依存性

　畑雑草の中には，種子の寿命が短いのに，なかなか根絶できないものがある．例えばメヒシバはそれにあたる．メヒシバの種子の寿命は短く，耕起によって埋土された種子は長くは生きられない．そのため定期的に耕起される圃場では，埋土種子集団はしだいに小さくなっていく（図4.3）．そうだとすれば，1年に少なくとも数回耕起が行われる通常の畑作物栽培において，メヒシバが重要雑草であり続けるのはむしろ不思議に思える．このような埋土種子集団の動態と，地上部だけをみたときの個体群動態とのギャップはどこから生じるのだろう？

　メヒシバの種子は散布のための特段の仕掛けをもたず，重力散布とされているが（沼田・吉沢，1975），濡れた状態ではいろいろなものに付着しやすい．メヒシバが混じる雑草群落の中を朝露の残る時刻にほんの短時間でも歩くと，おびただしい数の種子が長靴に付着しているのに驚かされる．このメヒシバの種子は長靴だけでなく，トラクタの車輪などの農機にもよく付着する．また畦畔は圃場の周囲を取り囲んでおり，そこに生育する雑草は年数回の刈り取り除草で維持されることが多い．このような条件下で，稈が匍匐して節から不定根を生じ，土壌表面を這いまわるメヒシバはよく生き残り，夏には畦畔でメヒシバがしばしば優占

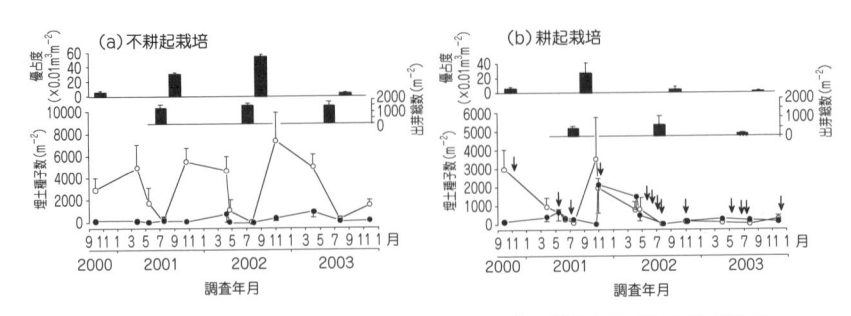

4. 雑草の群落動態：侵入定着と生育型戦術

図 4.3 ダイズ畑におけるメヒシバの埋土種子数の消長ならびに年次ごとの出芽総数，および 8 月下旬の雑草量（小林，2007）
○：0～5 cm 層，●：5～10 cm 層のメヒシバ種子数．データは，いずれも 3 反復の平均値と標準誤差．↓は耕起（中耕培土を含む）．雑草量は，被度と草高を乗じることで算出した優占度指数（乗算優占度；根本・神田，1976）で代表させた．この指数は地上部乾物重との相関が高い（定ら，1999）．

種となる．畦畔からこぼれ落ちた種子は圃場の周辺に大量に供給されるし，人であれ農機であれ，圃場に入るときには畦畔を横切る．そのときに付着したメヒシバの種子は，最終的に圃場の中央付近まで運ばれることになる．以上のように畑圃場内のメヒシバ個体群は，そこで生産された種子からなる埋土種子集団だけでなく，周辺を取り巻く畦畔の群落から供給され続ける種子によっても維持されていると考えられる．

同様に，個体群の維持に畦畔が大きな役割をはたしている草種にイボクサがある．除草剤の効きが悪いため，近年特に水稲の直播栽培で問題となっているツユクサ科の水田雑草である．水田雑草ではあるが，無酸素条件では発芽できないため（片岡・金，1978），畦畔や畦畔際から多数出芽し，本田では水張り前だけに発芽する．種子は深い休眠性を示すので埋土種子集団を形成するが，種子生産のかなりの部分は畦畔に頼っているのである．実際，イボクサの水田への侵入過程を観察すると，畦畔からの移入個体の多いことが明らかになっている（中央農業総合研究センター，2011）．また年間の種子生産量は水田内では 1 万粒/m^2 だが，畦畔では 2～3 万粒/m^2 だったという報告がある（住吉ら，2011）．

メヒシバやイボクサの個体群は，畦畔の個体群から種子が補われることで維持されていると考えられるが，農耕地内に埋土種子集団をもたないのに，見かけ上，比較的長期にわたって個体群が維持されているようにみえる草種もある．ハルジオンやヒメムカシヨモギといった風散布型のキク科雑草の種子は休眠性が浅

く永続的埋土種子集団（persistent seed bank）を形成しないが，冠毛があって風に飛ばされ，空き地や畦畔などの周辺の生育地から種子が容易に供給される．同様に農耕地内で生産された種子も，他の生育地における個体群のソースとなりうる．もっとも，これらの草種の生育期間は比較的長く，初夏頃に散布された種子から発生した個体が次世代の種子を生産するのは通常翌年である．したがってハルジオンやヒメムカシヨモギの個体群が農耕地内に成立するのは，不耕起栽培や樹園地など不耕起状態が長期に及ぶ場所か，耕起栽培では管理が粗放な場合に限られる．例えば，東北のダイズ栽培では湿害，乾燥害防止技術として，条間だけを耕し，その土を条に飛ばして播種床とする有芯部分耕という播種法が，一部の地域で普及している（吉永ら，2008）．この方法では条は不耕起として残るので，播種時に現存していた雑草個体が数 cm の覆土を突き抜けて生育を続けることがある．この有芯部分耕ダイズ栽培の畑では，ヒメムカシヨモギが優占することがある．

c. 耕地の利用形態と雑草群落

　水田にはいわゆる水田雑草が，畑には畑雑草が生育するのだが，この分類の境界は明確にあるわけではなく，観察者の居住地や年代によっても変動する．例えば草薙（1986）は，水田雑草を 66（一年草が 32，多年草が 27，浮遊植物が 7），畑雑草を 77（一年草が 46，多年草が 31），田畑共通雑草を 32 草種紹介している．これらの中には，実際にほとんど水田だけ，あるいは畑だけにみられる草種もあるが，水田には水路や湿地，池沼に生育する水生植物も生育するし，畑には道端や荒れ地などを主な生育地とするいわゆる人里植物が生育することもある．典型的な水田雑草は夏作である水稲栽培期間中に生育する草種であり，タイヌビエやコナギといった一年生夏雑草か，主に夏に生育するオモダカやクログワイなどの多年草である．水田は，水稲栽培後の休閑期や冬作物の栽培期間は畑状態となり，水田に特異的にみられる多年草も塊茎などとして地下に潜って越冬するものが多いため，冬季の種構成は見かけ上，水田と畑とで比較的似通う．例えば，越年草であるスズメノテッポウやタネツケバナは水田裏作の代表的な雑草だが，畑でも普通にみられる．こうした草種が田畑共通雑草と呼ばれる．

　上述の通り，畑作物の大半は転作田で栽培されるようになったことに伴って，田畑共通雑草の概念範囲と分布は大きく広がっている．草薙（1986）はイヌビエ

4. 雑草の群落動態：侵入定着と生育型戦術

表4.3 ダイズ栽培転作田圃場における優占度上位3草種（山形県における2012年の調査結果）

圃場	優占度*の合計	優占度の上位3種；（　）内は優占度		
A	33	ツユクサ（22）	スギナ（11）	イヌビエ（1）
B	121	ツユクサ（54）	ハルタデ（50）	スギナ（8）
C	262	イヌビエ（216）	ハルタデ（42）	オオイヌタデ（3）
D	2,287	ツユクサ（931）	ホソアオゲイトウ（420）	シロザ（308）
E	146	オオイヌタデ（80）	ツユクサ（40）	イヌビエ（18）
F	56	ツユクサ（24）	オオイヌタデ（10）	イヌタデ（9）
G	181	イヌビエ（70）	タネツケバナ（37）	エノキグサ（22）
H	80	ツユクサ（61）	スギナ（11）	シロザ（4）
I	35	エノキグサ（14）	ヤナギタデ（7）	イヌタデ（6）
J	663	ツユクサ（352）	スカシタゴボウ（122）	シロザ（118）

*乗算優占度（$\times 10^{-4}\,m^3 \cdot m^{-2}$）＝被度（%）×草高（cm）
四捨五入のため，上位3種の優占度が優占度の合計を上回ることがある．

やアメリカセンダングサを水田雑草に，オオイヌタデを畑雑草に分類したが，これらは転作田におけるダイズ栽培の重要雑草であり，最も普通な田畑共通雑草といえる．近年の東北太平洋側におけるダイズ栽培では，イヌビエ，アメリカセンダングサにタデ類を付け加えれば，出現草種の全生物量のかなりの部分を網羅することになる．

　雑草種の生態分布の違いは，雑草群落を群集としてとらえ各筆の出現草種をすべて記録し，種構成を圃場間で比較することで明らかになってくる．こういった種についての網羅的な調査は，一般に植生調査と呼ばれる．表4.3は，2012年に山形県下のダイズ栽培転作田圃場10筆で植生調査を行った結果を要約したものである（高橋ら，印刷中）．これによれば，優占種はいずれも畑雑草か田畑共通雑草で，湛水された水田だけに生育する狭義の水田雑草はどの圃場でも優占していないことがわかる．転作田でもタイヌビエ，イヌホタルイ，コナギといった狭義の水田雑草が生育していることは少なくないが，優占種にはなりえず，種子も生産されないことが多い．また田畑共通雑草と畑雑草を比較すると，畑雑草が優占する圃場が多くなっている．これは，調査圃場のほとんどが転作後，かなり長期間にわたってダイズを連作している圃場であることと関係がある．一方，C圃場は転作初年目で，田畑共通雑草であるイヌビエが優占しているほか，田畑共通雑草のオオイヌタデ，水田雑草のクログワイ，イヌホタルイが確認されている．一般的には水稲からの転作後3〜4年で，雑草植生はもともとの畑圃場と違

いがなくなることが多いと考えられている．

d. 除草剤散布と雑草群落

転作田でのダイズ栽培が本格化して以降，今日までオオイヌタデやイヌビエが代表的な草種であり，特に東北では少なくとも2000年代半ばまではオオイヌタデをはじめとするタデ類が優占する圃場が多かった．一方，畑ではシロザ，タデ類，メヒシバが代表的な優占種であった（小林，2007）．ところが，2005年に日本で初めてダイズの生育期間中に茎葉散布できる選択性除草剤（作物には効かないが，雑草には効く除草剤）であるベンタゾン液剤が農薬登録され，全国に普及して以降，状況に変化がみられるようになった．

表4.4は，ベンタゾンに対する感受性の草種間差を示すものである．ベンタゾンはタデ類には草種を問わず効果的で，実際の生産現場では「タデの防除に使う剤」と認識されていることも多い．また，アメリカセンダングサも葉齢が若ければよく効き，カヤツリグサやスベリヒユにも効きがよい．しかし，ヒユ科やヒルガオ科，マメ科には効果が劣る．このように，選択性の除草剤には作物との間だけでなく，雑草の種間にも感受性に違いがあるのが普通である．

ダイズのように使用可能な除草剤が限られていて，それが連用されると雑草植生は除草剤の特性に応じて急速に変化していく．転作田では，ヒユ類，シロザ，さらには比較的新しい侵入雑草であるアサガオ類などの畑雑草の優占が目立ってきている．このことは，上述のような転作の固定化の影響のほかに，少ない種類の除草剤の連用によるところも大きいと考えられる．

ツユクサは表4.4には含まれないが，やはりベンタゾンの効きは悪く，さらにグリホサート系などの非選択性除草剤もよく効かない場合がある．ダイズ栽培では，近年になって畦間処理など，生育期間中の非選択性除草剤の適用範囲が広がってきているのだが，各地でツユクサの優占が報告されるようになってきた状況は，こうした除草剤に対する感受性の低さが一因である可能性が高い．

ここで，改めてダイズ栽培転作田圃場での調査結果（表4.3参照）をみてみると，散布される除草剤の影響を確認することができる．大半の圃場でツユクサが優占し，エノキグサやシロザも比較的出現頻度が高い．これらは上述の通り，いずれも既存の除草剤が効きづらい，いわゆる難防除雑草である．特にツユクサが優占する圃場が多いのは，非選択性除草剤の畦間処理の普及と無関係ではない．

4. 雑草の群落動態：侵入定着と生育型戦術

表4.4 ベンタゾンの処理による雑草生育量の変化（澁谷ら，2006から作成）

科名	種名	生育量の無処理区比（%）	
		3～4葉期処理	6～7葉期処理
カヤツリグサ	カヤツリグサ	0	0-5
タデ	イヌタデ	0	0
	オオイヌタデ	0	0
	ハルタデ	0	0
スベリヒユ	スベリヒユ	0	0
キク	アメリカタカサブロウ	0	0
	アメリカセンダングサ	0	50
	ブタクサ	0-30	70-95
ナス	イヌホオズキ	0	0-30
	オオイヌホオズキ	100	100
ヒユ	ホソアオゲイトウ	30-70	90
	イヌビユ	60	80-95
	シロザ	80	70-90
ヒルガオ	ホシアサガオ	50	70-90
	マルバルコウ	50-60	100
	マルバアメリカアサガオ	90-100	100
	エノキグサ	100	100
マメ	ツルマメ	100	100

注1：ポット試験で，各草種3～4葉期と6～7葉期に散布．処理薬量は150 ml/10 a.
注2：データは「最小-最大」と表示．

例えば圃場Aの雑草量は全体としては比較的少ないが，その中でツユクサの優占が突出している．この圃場では土壌処理除草剤散布のほか，生育期には非選択性除草剤であるグルホシネートの畦間処理が行われており，このことがツユクサの優占をもたらしていると考えられる．

e. 作目や作期と雑草群落

雑草群集は，作目や作期によっても大きく変動し，特に重要なのは播種や移植時の気温である．西日本の夏畑作物栽培ではメヒシバなどのイネ科雑草が優占しやすく，北日本ではシロザ，オオイヌタデなどの広葉雑草が優占しやすい（伊藤，2004）．これが播種期の気温の違いによるということは，現在広く受け入れられている．例えば，西日本のダイズ栽培はコムギの後作で，夏に播種されるの

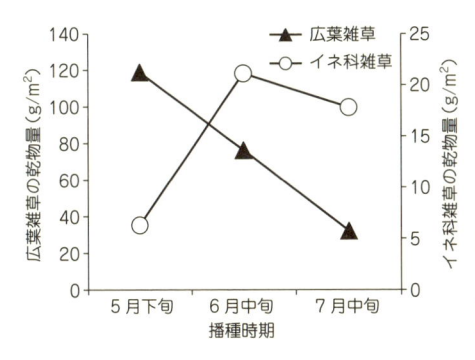

図4.4 ダイズの播種時期が8月下旬の雑草量に及ぼす影響（小林，2009）福島市の異なる2つの圃場で，2005, 2006年の2作実施した栽培試験の平均値．

が普通である．一方，東北のダイズは冬季休閑の後に栽培されるのが普通で，遅くとも6月中旬の入梅までに播種するのが慣行法となっている．耕地雑草の出芽は播種時の耕起が引き金となって生じるが，このときの温度が，同じダイズ栽培でも九州と東北では大きく異なることになる．雑草種には固有の発芽適温があって，それが比較的高いメヒシバは九州で，比較的低いシロザやオオイヌタデは東北で優占しやすいということである．

播種時の温度によって成立する雑草群落が異なる現象は，同じ圃場で播種期を変えても再現する．図4.4は，ダイズの播種日が雑草植生に及ぼす影響を示すものである．広葉雑草は播種が遅くなるほど減少するが，イネ科雑草は6月中・下旬播種で多くなる．この試験は東北で行われたものなので，総じて広葉雑草が多く，結果として全体としての雑草量は減少することになる．近年は温暖化傾向が明らかで，栽培期間中の温度上昇がみられることもあって，東北ではダイズの晩播栽培で高い収量が得られることが多くなっている．晩播で雑草量が減少し，かつ比較的防除が容易なイネ科が相対的に多くなるとすれば，雑草防除上も有利な栽培法になる可能性がある．

ところで，同じ畑作物でも夏作物と冬作物では雑草植生は全く異なり，夏作物を栽培すると夏雑草が，冬作物を栽培すると冬雑草が優占する．生育期間中の温度を考えれば当然とも思えるが，実は群落成立のスタート地点である発生の段階で巧妙なメカニズムが働いている．夏雑草の発生時期は春，冬雑草の発生時期は秋で，半年ずれてはいるものの気温は比較的近いのであるが，それぞれ別個に発生するのが普通である．ここで，多くの雑草の埋土種子の休眠は季節的に覚醒と二次休眠を繰り返すが，夏雑草は冬の低温で休眠が覚醒し，夏の高温で二次的に

休眠が深まる一方，冬雑草は夏の高温で休眠が覚醒し，冬の低温で休眠が深まるため，休眠状態の季節変動の位相は半年ずれる（Baskin and Baskin, 1998）．これが夏雑草と春雑草の発生時期を決める要因であると考えられている．

f. 耕起システムと雑草群落

日本の水田や畑では，作付前に耕起され条播される作物では中耕も行われるのが普通で，不耕起栽培は一部の作目，地域では行われているものの，本格的な普及にめどは立っていない．しかし上述の通り，世界の趨勢は不耕起栽培であり，日本でも農業の国際化に対応してさらなる低コスト化が求められている今，不耕起栽培における雑草群落について考えることには意味がある．

図4.5は，福島市の圃場で実験的に行われていた，不耕起栽培圃場を含めた複数の畑圃場において植生調査を実施した結果の概要である（Kobayashi et al., 2003）．調査圃場は種構成によって大きく3タイプに分類され，それぞれ耕起栽培が続けられている圃場（耕起型），不耕起栽培開始後3年未満の圃場（短期不耕起型），および3年以上の圃場（長期不耕起型）と概ね一致した．短期不耕起型と長期不耕起型でみられるキク科の二～多年草は風散布型で，埋土種子が圃場になくても周囲から種子が供給されるため，攪乱の頻度が低下すれば比較的早期に大きな個体群を形成しうる．上述のダイズの有芯部分耕で，ヒメムカシヨモギが優占するのも同じ理由である．またハルガヤやエゾノギシギシが増えるのに3年以上かかる理由として，1つには種子の移入に時間がかかることが想定される．これらはいずれも多年草で，いったん定着すれば攪乱が加えられない限り生育を続けることになるだろう．

以上の結果は，不耕起栽培では多年草（Coussans, 1975）や風散布型のキク科草本（Froud-Williams et al., 1981）が増加するとされているこれまでの知見と矛盾しない．しかし多年草が優占するかといえば必ずしもそうではなく，一年生のイネ科雑草が問題だとする報告が多い（例えばFroud-Williams et al., 1984）．上述した筆者らの調査でもメヒシバやアキノエノコログサが多くの圃場で出現し，特に優占度に関してはほとんどの圃場でメヒシバが圧倒的に高かった．図4.3によれば，不耕起畑では埋土種子数のピークは毎年5000～8000粒/m^{2}程度だが，耕起畑では3500粒程度が最大で，しだいに減る傾向がある．メヒシバのように種子の寿命が短い草種では，埋土種子集団は当年に散布された種子が主体と

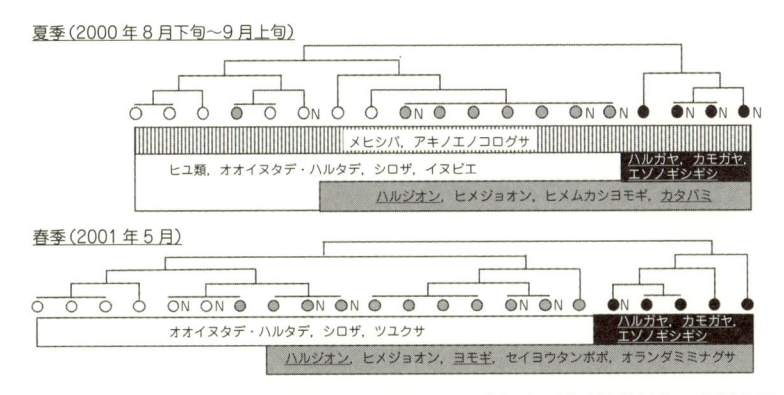

図 4.5 TWINSPAN (Hill, 1979) による夏季および春季の耕地雑草植生の分類結果
○，●，●はそれぞれ，耕起，3 年未満の不耕起，3 年以上の不耕起畑を，N は調査時に休閑していたことを示す．種名は例示である．下線は多年草．

なるため，散布後の耕起によって土中深く埋め込まれた種子は出芽することなく死亡する可能性が高い．しかし，不耕起条件なら不利にはならない．耕起栽培でもメヒシバが多少なりとも発生し続けるのは，上述したように種子が畦畔から常に補給されるからである．一方，シロザなどの大きな埋土種子集団をつくりやすい草種では，耕起で埋め込まれた種子は長年にわたって生存し，播種時の耕起や中耕のたびにその一部が発芽して地上に個体群を出現させるため，耕起栽培で優占しやすくなる（Kobayashi and Oyanagi, 2005）．

g. 農耕地の雑草群落の今後

日本の畑作物栽培で利用できる除草剤の種類と時期は今でも拡大しつつあり，将来どのような除草剤や技術が組み合わせられるのか，未知の部分がある．仮に除草剤耐性作物が不耕起栽培されているとすれば，雑草植生は一部の難防除雑草や，場合によっては除草剤耐性を獲得した個体が優占し，より単純なものになっている可能性がある．水田でも，今は普及が始まったばかりの直播栽培が主流になって，田畑共通雑草がより重要性を増しているかもしれない．

実際の農法は，その時代や地域で選択しうるさまざまな技術の組み合わせからなる体系であって，それが変われば雑草群落も大きく変わる．人間は，1 つには自らが作り上げてきた技術により，1 つには意思の力によって耕地の雑草群落を変えていく．普通にみられるノビエ 1 本さえ生えていない水田は，耕作者の強い

意思とそれを裏打ちする技術があって初めて実現する.

　一方,コストの観点から一定の許容水準を設けて,それ以上の除草を行わないとする考え方もあり,総合的雑草管理(IWM)の根幹となる概念の1つとなっている(Shaw, 1982).雑草を1個体たりとも残さないことと同様,一定レベルで残草を許すことも人間の意思によるものであり,その達成可能性を決めるのはやはり技術である.耕地の雑草群落も,他と同様に自然発生した個体から構成されていることには違いはないが,その時代の技術や社会情勢,人の価値観を知らなければ成り立ちを理解することは難しい.　　　　　　　　　　　　　[小林浩幸]

●引用文献●

Baskin, C. C. and Baskin, J. M.：Seeds：Ecology, Biogeography, and Evolution of Dormancy and Germination, Academic Press, 1998.
中央農業総合研究センター：総合的雑草管理(IWM)マニュアル,中央農研,2011.
Coussans, G. W.：*Outlook Agric.*, **8**, 240-242, 1975.
Froud-Williams, R. J., Chancellor, R. J. and Drennan, D. S. H.：*Weed Res.*, **21**, 99-109, 1981.
Froud-Williams, R. J., Chancellor, R. J. and Drennan, D. S. H.：*J. Appl. Ecol.*, **21**, 629-641, 1984.
Hill, M. O.：TWINSPAN — A FORTRAN program for arranging multivariate data in an ordered two-way table by classification of the individuals and attributes, Ecology and Systematics, Cornell University, 1979.
伊藤操子：雑草学総論 第2版,養賢堂,2004.
片岡孝義・金　昭年：雑草研究,**23**,9-12,1978.
小林浩幸：農業および園芸,**82**,457-462,2007.
小林浩幸：種生物学研究,**32**,131-146,2009.
Kobayashi, H. and Oyanagi, A.：*Weed Biol. Manag.*, **5**, 53-61, 2005.
Kobayashi, H., Nakamura, Y. and Watanabe, Y.：*Weed Biol. Manag.*, **3**, 77-92, 2003.
草薙得一編著：原色 雑草の診断,農山漁村文化協会,1986.
根本正之・神田巳季男：東北大学農学研究所報告,**27**,69-88,1976.
農林水産省大臣官房統計部：農林水産統計 平成24年産 大豆の作付面積(乾燥子実), 2012. http://www.maff.go.jp/j/tokei/kouhyou/sakumotu/menseki/pdf/sakutuke_daizu_12.pdf(2013年11月11日に確認)
沼田　真・吉沢長人：新版 日本原色雑草図鑑,全国農村教育協会,1975.

定　由直・三浦励一・伊藤操子：雑草研究，44（別），106-107，1999．
Shaw, W. C.: *Weed Sci.*, **30**（Suppl.1），2-12，1982．
澁谷知子・浅井元朗・奥語靖洋：雑草研究，51，159-164，2006．
住吉　正・小荒井晃・川名義明・牛木　純・赤坂舞子・渡邊寛明：雑草研究，56，43-52，2011．
高橋智紀・持田秀之・榊原充隆・森本　晶・小林浩幸・山本　亮：東北農業研究センター報告，116（印刷中）．
吉永悟志・河野雄飛・白土宏之・長田健二・福田あかり：日本作物学会紀事，77，299-305，2008．

●コラム● 暖温帯に分布するツクシスズメノカタビラ
―コスモポリタン・スズメノカタビラとの比較生態学

　ツクシスズメノカタビラは，日本の暖地，特に九州の農耕地に普通にみられる冬生一年草（3.2.a項参照）で，1926年に熊本県で採集された標本に基づき新種として記載されたイネ科雑草である（舘岡，1987）．世界中に分布するスズメノカタビラと草型や外部形態が類似し，区別が一般には難しいため，ツクシスズメノカタビラの存在はあまり認識されていない．両種は $2n=28$ の四倍体植物で，雑種を形成する近縁種であるが（Tateoka, 1985），F1雑種は花粉稔性が極めて低く種子結実はほとんどみられない（舘岡，1987）．

　ツクシスズメノカタビラの花序は中軸がやや太めで花序の枝は節から斜上するが，スズメノカタビラの花序の枝は水平に伸び全体的に繊細である．また，ツクシスズメノカタビラの花序全体は緑色から淡緑色でアントシアニンによる赤紫色を全く帯びないが，スズメノカタビラは小穂の一部に赤紫色を帯びるものが多い．両種の草型はよく似ているが，ツクシスズメノカタビラは止め葉が長く（渡辺ら，1995），全体としてやや大型となる．

　両種は冬季水田，畑，路傍などで混在して生育し，九州では特に冬野菜の畑で多くみられ，畑雑草となっている．ツクシスズメノカタビラの分布域を明らかにするため，1994～1998年にかけて現地における標本収集と国内の自然史博物館，大学標本庫の標本調査を実施したところ，沖縄から九州全県，中四国，近畿地方まで連続的に分布がみられ，神奈川県および千葉県でも散発的に確認された（図A）．またツクシスズメノカタビラの分布域と気温データとの重ね合わせを行ったところ，メッシュ気

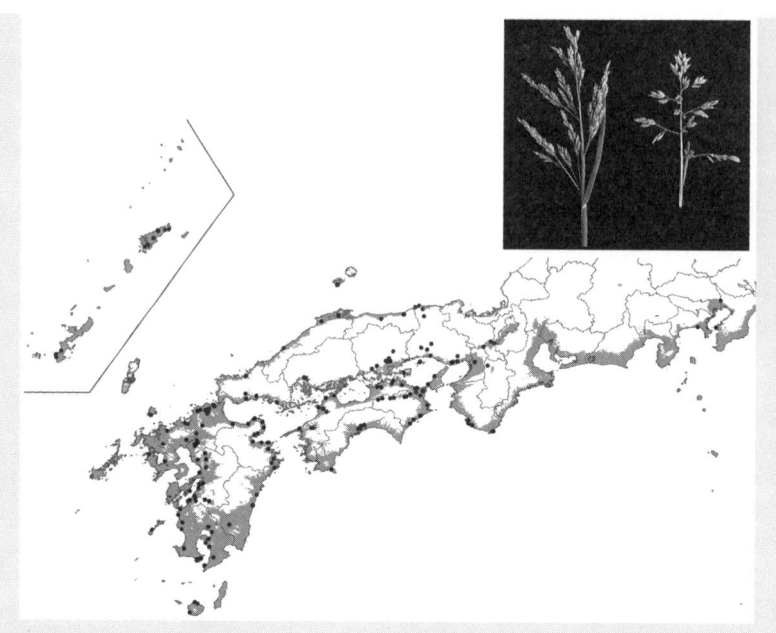

4. 雑草の群落動態：侵入定着と生育型戦術

図A 国内におけるツクシスズメノカタビラの分布（・）と最寒月（2月）の最低気温が0℃以上のエリア（灰色の部分．渡辺，2003）
写真はツクシスズメノカタビラ（左）とスズメノカタビラ（右）の花序．

候値（1971〜2000年）の最寒月（2月）の最低気温が0℃以上のエリアと分布域がほぼ重なることが明らかとなった．つまり，ツクシスズメノカタビラは冬生雑草であるが，どこにでも生えるわけではなく，西日本の海岸近くの平野部など冬季の気温があまり下がらない地域に限られ，高標高地や寒冷地にはほとんど分布しないのである．スズメノカタビラは亜熱帯から寒帯にかけて世界中で広く分布しているのに対し，ツクシスズメノカタビラの分布は暖温帯の一部に限られる．両種の生態にはどのような違いがあるのであろうか？

ツクシスズメノカタビラとスズメノカタビラの種子を同じ生育地から集め，発芽特性を比較したところ，ツクシスズメノカタビラは夏季の高温を経験した後20〜25℃で一斉に発芽し，冬季に二次休眠がみられた．一方スズメノカタビラは10〜30℃で発芽したが，一斉に発芽せず通年発芽が可能であり，一次休眠も浅かった（Watanabe *et al.*, 1996；1997）．また日本各地から収集した48集団を対象に，出穂までの日数（前繁殖期間）を比較したところ，ツクシスズメノカタビラは草丈11.2 cm以上で60日前後，スズメノカタビラは35〜100日の幅で出穂し，わずか5 cmの草

丈で出穂するものがみられた（渡辺ら，1996）．さらに，ツクシスズメノカタビラは踏圧の頻度が高くなるとシュート重が大幅に減少し，踏圧の強い環境下では競合に不利になることが示された（渡辺ら，1998）．

　雑草の地理的分布はその種がもつ生理生態特性，環境への適応戦略に加え，侵入時期など歴史的要因が関連する．ツクシスズメノカタビラが国内のみに分布するのか，ヨーロッパなどにも分布しているのかはまだ不明であるが，現在のところ国内の暖温帯に分布が限られるユニークな雑草であるといってよいだろう．世界中に分布するコスモポリタン雑草のスズメノカタビラとの生態比較によって，発芽生態や繁殖生態に多くの違いが確認されたように，分布域の異なる近縁種の生態比較を進めることで，雑草の広域適応性に関連する形質を見出すことができるかもしれない．　　　[**渡邉　修**]

●引用文献●
Tateoka, T.: *Bot. Mag. Tokyo*, **98**, 413-497, 1985.
舘岡亜緒：植物分類・地理，**38**，176-186，1987．
渡辺　修：植調，**36**（11），406-414，2003．
渡辺　修・榎本　敬・西　克久：雑草研究，**34**（別），168-169，1995．
渡辺　修・冨永　達・俣野敏子：雑草研究，**41**（別），188-189，1996．
Watanabe, O., Enomoto, T., Nishi, K., Tominaga, T. and Matano, T.: 雑草研究，**41**（2），289-293，1996．
Watanabe, O., Enomoto, T., Nishi, K., Tominaga, T. and Matano, T.: 雑草研究，**42**（3），315-322，1997．
渡辺　修・冨永　達・俣野敏子：雑草研究，**43**（別），58-59，1998．

4.3　雑草群落の利用と保全

　雑草は，これまでは専ら防除対象の厄介者として認知されてきた．しかし耕地の周辺に生育するオミナエシやワレモコウが生け花や仏花として古くから「利用」されてきたように，近年では緑肥や生態系機能向上のために雑草を利用しようという動きがみられるようになってきた．また，耕地の生物多様性を維持する観点から，雑草保全の取り組みも行われるようになった．本節では，農地生態系の中で作物と雑草が共存するという視点に立った取り組みを紹介する．

　なお，農地における植物多様性について，牧草地や半自然草地に生育する植物種と耕地雑草とを区別しないで議論することは少なくないが，本節で議論の対象

とする植物は耕地雑草に限定した．

a. 作物生産向上に向けた雑草の利用

　農薬や化学肥料の使用は，今日の農業における通常の管理形態である．20世紀の多投入型農業は，作物生産の著しい向上をもたらした一方で，世界各地で深刻な環境悪化を招いた（Matson *et al.*, 1997；Tilman *et al.*, 2002）．このため近年では，食糧生産を維持・増進しつつも，化学肥料や農薬の使用量を抑制しながら集約的な農業を推進していくことが求められている．耕地の雑草群落は，土壌の物質循環に影響を及ぼすとともに，生態系の基盤として天敵生物や訪花昆虫の餌資源や住処となることから，このような持続的集約農業を行う上で注目される生物群の1つである．作物生産の指標には，収量，食味などいくつもの項目が存在するが，ここでは研究事例の多い収量に注目する．

1) 天敵生物の餌資源としての雑草

　雑草は耕地生態系における一次生産者として，訪花昆虫，ミミズ，無脊椎動物，アリ，哺乳動物，鳥類などの重要な餌資源となる．こうした捕食関係は，しばしば特定の種と種（あるいは特定の種グループと種グループ）の間に限定されるものであるため，多様な雑草種の存在が生態系の安定化をもたらし，害虫の大発生を抑制できることが知られている（Petit *et al.*, 2011）．また，益虫が害虫の発生を抑えることで収量増加に寄与することを報告した研究例も数多い（Kromp, 1999；Hawes *et al.*, 2009）．

　一方，食物連鎖を介して雑草の存在が作物収量に及ぼす影響を検討した事例は少なく（Petit *et al.*, 2011），その中で作物の増収効果までが確認された例はほとんど存在しない．その原因としては，雑草の存在が天敵・害虫生物の生息数に影響を及ぼすと同時に作物とも競合関係となり，作物への増収効果が不明瞭となるためと指摘されている．ただし，コーヒー栽培における事例ではあるが，Perfecto *et al.*（2004）は圃場の雑草が収量に及ぼす効果を確認している．この研究では，圃場の一部を網で囲って鳥類が侵入しない条件をつくった上で，鳥類が害虫を捕食することによる収量増加の効果を，圃場の雑草群落構成種の種多様性が異なる2つの圃場において検証している．その結果，雑草群落構成種の多様性が高い圃場においてのみ，鳥類が存在することによる収量の向上が認められた．多様な雑草が多種・多個体の鳥類を誘引したため，害虫の捕食数が増加し，コーヒ

ー収量の増加がもたらされたと結論づけられる.

雑草に関する純粋な議論ではないものの,最近では害虫の被害を抑えることによる増収効果を期待して,耕地内に多種の植物種を播種する取り組みが行われるようになった.Staudacher et al.(2013)はトウモロコシ圃場において,土壌中の害虫(コメツキムシの一種の幼虫)の被害が,作物の下層に多種の植物種を生育させることで緩和されるか調査を行っている.広葉植物・イネ科植物・マメ科植物からなる6種の混播区に加え,比較のために単一の種(コムギ)を間作する単一植物区と,植物を生育させない無草区を設定したところ,単一植物区よりも混播区のほうが収量は高くなり,無草区と比べて混播区のトウモロコシ収量は30%以上増加した.混播区では,トウモロコシの生育初期から収穫期に至るまで,常に何らかの植物種が旺盛に生育し続けており,害虫が作物の根を摂食する可能性が相対的に減少したために増収に結びついたと考察された.ただし,雑草は害虫の個体数を直接減少させる効果をもたないため,殺虫剤は依然として併用すべきであるとされた.

Poveda et al.(2008)や Ratnadass et al.(2012)も,上記の通り,増収効果を期待して耕地内に多種の植物種を導入したとしても,その植物種の存在が作物増収に常に寄与しているわけではないとしている.収量の増加が確認された研究例は全体の33%であり,逆に28%の研究では収量の減少が報告されているのである.高い収量を確保するためには,害虫が忌避する植物や益虫を誘引する植物を積極的に利用することに加え,その圃場への配置に配慮するなど,戦略的に雑草を利用する方法を検討する必要があると考察されている.

2) 土壌養分の供給源としての雑草群落

耕地では,降水などに伴って土壌中の養分がしだいに外部へと溶出していくが,植物体に固定された養分は一定の期間土壌に留まり,溶出を防止する.このため作物栽培において,マメ科植物をはじめとする植物を間作・混作・被覆栽培し,後から栽培する作物の肥料源とする農法は古くから各地に存在してきた.こうした用途で用いられる植物には,非在来の植物が少なくない.一方で Nezomba et al.(2010)は,在来マメ科雑草と非在来のマメ科植物をトウモロコシ休閑中にカバークロップとして導入した場合,乾燥や貧栄養土壌に対する適応力が大きいため,在来マメ科雑草を利用するほうが土壌窒素供給量が大きく,作物の増収効果も高いことを指摘している.

4. 雑草の群落動態：侵入定着と生育型戦術

　研究例は多くないものの，多数の種から構成される雑草群落そのものを緑肥として利用する試みも行われている．しかし多くの事例では，慣行農法と比べて雑草と作物を足し合わせた地上部全体の生産量や炭素・窒素固定量は大きいものの，作物の収量だけでみると雑草区の収量は除草区を下回る（原・坂井，2006），あるいは有意な効果が確認されない例が報告されている（Gianoli et al., 2006）．これらの事例は栽培期間中の作物と雑草の混作に関する研究例であったが，Promsakha Na Sakonnakhon et al. (2006) はタイ東北部において，休閑中の畑における雑草群落が後作における土壌窒素とトウモロコシ収量に及ぼす影響を解明するために試験を実施した．イネ科以外の草種を手除草したイネ科草本群落区，逆にイネ科草本を除草した広葉・マメ科草本区，完全に除草を実施する無草区を設置し，すべての条件区においてリン酸，カリウムなど肥料を投入したところ，広葉・マメ科草本区では，後作におけるトウモロコシ収量がとりわけ作付2年目に最大化した．これは，広葉・マメ科草本の植物体のCN比が低く，土壌により多くの窒素を供給したためと考えられた．

b. 耕地雑草種の減少をもたらした要因

　集約農業は深刻な環境悪化を招くと同時に，生物にも深刻な打撃を与える．耕地雑草が著しく減少した地域も珍しくなく，特にヨーロッパの一部地域では，耕地雑草は絶滅の危機に瀕した植物を最も高い割合で含む植物種群となっている．例えば，ドイツでは350種の耕地雑草のうち130種もの雑草が，絶滅の恐れがある希少雑草とされる（Meyer et al., 2010）．耕地雑草の減少は，フランス（Fried et al., 2009），デンマーク（Andreasen et al., 1996）などヨーロッパ西部で早くから深刻化しており，近年ではチェコ（Pyšek et al., 2005）などヨーロッパ東部でも顕在化している（Storkey et al., 2012）．わが国でも，例えばヒルムシロ，ミズオオバコなど，かつては普通にみられた水田雑草のうちの少なからぬ種が，今では地域レベル，場合によっては全国的に絶滅の恐れのある種に指定される状況となっている．

　Meyer et al. (2013) は，ドイツの耕地雑草群落では，かつて高い頻度で耕地に出現していた種までが欠落するほど衰退していると指摘している．多数の植物種が絶滅の危機に瀕していることは保全生物学上，大きな問題があると同時に，農業に利用可能な資源としての雑草や生態系機能が著しく低下していることを強

く示唆するものである．雑草を保全する上でも，また利用する上でも，どのような種群がどのような要因で減少したのかを把握する必要がある．

1) 土壌の富栄養化

ドイツでは，耕作圃場内における作物の被度が過去50年間で60％から95％に上昇し，それに伴って雑草の被度は30％から3％に減少したという（Meyer et al., 2013）．現在，耕地には多量の肥料が投入されており，近年の作物における品種改良は，富栄養下において優れた生育を発揮するよう開発されてきたものが多い．この土壌富栄養化と品種改良が，雑草の減少をもたらした代表的要因の1つとされる．

Kleijn and van der Voort（1997）は，耕地の端で除草剤と殺虫剤の散布を停止した状態で，作物の採植密度を変えて希少雑草の挙動を調査している．その結果，希少雑草のバイオマスと地上部の相対日射量との間に正の相関が認められた．施肥区ではいずれの植栽密度でも速やかに相対日射量が低下したため，施肥が主として作物の生育量の増大を通して，希少種の生育に負の影響を及ぼしていることがわかる．

土壌の富栄養化は，とりわけ低茎の雑草種（例えば *Legousia speculum veneris*，図4.6）の生育に深刻な影響をもたらす．これは，富栄養化によって圃場における種間・個体間の競争が激化するが，競争能力の重要な指標である草丈が低

図4.6 雑草群落保全のために栽培されているライムギとそこに生育する希少雑草
カストナー・グリューベ（ドイツ）にて，2013年6月撮影（口絵参照）．
右上：*Legousia speculum veneris*，右下：*Centaurea cyanus*.

いと，植物群落内の競争に不利となってしまうからである．加えて大型の種子を有する雑草も，顕著な減少傾向を示す種群である．種子サイズが大きい種は，小さい種よりも個体あたりの種子数が少なくなり，また休眠も浅い傾向にある．さまざまな除草行為によって生育に不適な環境がつくられやすい耕地では，一時的に発芽に適した環境となったとしても，すべての種子が一斉に発芽するのを避ける必要がある．したがって，種子サイズの大きな植物種は厳しい条件下にある耕地において，生育がいっそう困難になると考えられる（Storkey *et al.*, 2012）．

2）除草剤

慣行の雑草防除体系は，除草剤に深く依存したものとなっている．雑草各種に対する除草剤施用の効果は種によって大きく異なり，コナギ，イヌホタルイなど雑草防除上で問題となる種は，依然として圃場に残存し続けている（除草剤抵抗性雑草．伊藤，2003）一方，除草剤に対する感受性が非常に高いものもある．相田ら（2003）が何種かの水田雑草の除草剤抵抗性を調査した結果，サンショウモなど絶滅危惧に瀕する水田雑草のいくつかは，除草剤に対する感受性が非常に高かった．また Andreasen and Stryhn（2008）も，多地点の圃場における雑草群落のデータを解析し，雑草群落の衰退を招いた要因を分析した結果，除草剤の影響が大きかったことを指摘している．

3）土壌耕起

大型機械による土壌耕起も，近代農業になって可能となった耕地管理である．機械を用いて土壌深層に及ぶ耕起を実施した圃場では，耕地雑草群落構成種の種多様性が少ない傾向にある（Fried *et al.*, 2008）．日本の水田を例にとると，塊茎を土壌深く形成するオモダカやクログワイにとって，冬季の水稲非耕作期の間に土壌が深く耕起され，塊茎が地表に出されてしまうと，寒さと乾燥で死滅しやすくなる．ただし，除草剤の普及に伴って，それまで防除の中心を担っていた中耕が減少したために，多年草が増加したことも指摘されている（宮原，1992）．

4）耕作体系（輪作体系）の変化

ヨーロッパでは，かつて同一の畑で時期を変えて複数の品目の作物が栽培され，冬作，春作，休閑（牧草の栽培）の輪作が繰り返されてきた．三圃式農業と呼ばれるこの農業形態は，冷涼なヨーロッパにおいて持続的に農業を行うための合理的なものであった．輪作の異なる作目では，多かれ少なかれ播種時期や管理方法が異なるため，異なる生活史を有する雑草が生育することができ，異なる圃

場間の雑草群落の異質性と最もよく対応する属性は，作目の違いであることが指摘されている（Fried *et al.*, 2008）．

近年では無機肥料の投入によって地力の維持が容易になったため，商品価値の高い同一の作物が連作で栽培されるようになった．雑草の中には，生活環の可塑性が高く，複数の作目で生育可能な種が存在する一方，発芽や開花の時期・季節が一定し（生活環の可塑性が低い），特定の作目に依存する種も存在する（例えば *Centaurea cyanus*，図 4.6 参照）．このような特性をもつ雑草にとって，生育に合致した作物種の栽培が行われなくなることは，生育適地の消滅に直結する．

5） 圃場外の雑草生育地の減少

耕地に隣接する非農耕地（ヨーロッパにおいては，生垣，用水路，環境保全施策によって出現している圃場端の不耕起地（フィールドマージン）と，その内側の不作付の耕起地（ヘッドランド）など）は多様な植物の生育地である（Marshall and Moonen, 2002；Fried *et al.*, 2009）．非農耕地は，耕地雑草をはじめ林縁や草原などに生育する植物種の生育地であり，耕作地内に生育する植物の潜在的な種子供給源ともなっている．集約化に伴う区画の大型化によって，単位面積に存在する区画の境界長が減少しただけでなく，非耕作空間と隣接関係にある耕地も大幅に少なくなり，種子の供給を受けにくくなっている（Marshall and Moonen, 2002；Kantelhardt *et al.*, 2003）．

6） 条件不利地における農業管理放棄

農業管理の強度からみると集約化とは逆の現象である管理放棄も，耕地雑草の生育には大きな影響を及ぼす．農業管理放棄は，条件不利地の割合が高い日本や東欧諸国において，耕地の生物に大きな影響を与えている（Storkey *et al.*, 2012）．伝統的な農業管理に適応した生活史を獲得している雑草にとっては，耕作放棄という管理形態の変化も生育環境の悪化をもたらす要因の1つとなっている（詳細は山田（2012）を参照）．

c. 雑草群落を保全する

ヨーロッパは早くから農地における生物の保全に取り組んでいる地域であり，EU 諸国は現在，耕地雑草の保全に関する先進地域となっている．

1） ヨーロッパにおける耕地雑草群落の保全

ヨーロッパでは現在までに，EU の共通農業政策（common agricultural policy, CAP)の枠組みを利用し，各国が農地の環境保全に対する独自の取り組みを実施している．本来，CAP自体は環境保全を目的とするものではなく，域内の農業振興のため，農業システムの単純化（経営における作目数の削減），生垣・石垣などの農地境界の削減，肥料・農薬使用，灌漑水の導入などを促進する政策であった．しかし，農村における環境悪化が深刻化し，その反動として美しい農村を取り戻すことへの関心が高まったことを背景に，その方針が転換されることとなった（西尾ら，2013）．1992年にCAPに導入された農業環境施策（agri-environmental schemes, AES）は，環境保全に関するEUの中心施策となっており，これとは別に，条件不利地域政策などの環境目的事業も開始されるようになった．詳細な実施内容は，各加盟国や個々の地域の運用にかかっている．

　AESによる生物相（動物相・植物相）の保全効果は，全体としては疑問視されることもあるが（Berendse et al., 2004），耕地雑草群落はその効果が比較的高い種群であることが知られている（Kleijn et al., 2006）．例えばデンマークでは，除草剤や無機肥料の削減に国を挙げて取り組んだ結果，1987～1989年と比較して2001～2004年の除草剤施用量は30％，無機肥料は40％減少した．また，化学肥料や除草剤・殺虫剤の使用を制限する有機農業の実施農地は，2004年には農地の5.6％にまで拡大している．こうした施策の結果，2010年時点において，デンマーク全土における圃場の主要雑草の出現頻度は1990年代と比較して増加傾向にある（Andreasen and Stryhn, 2008）．そして，おそらく作物品種や管理技術の向上によって，雑草の増加に伴う作物収量の低下は確認されていないという．

　AESにおいて，複数の環境保全のための農地管理ツールを設け，その中から個々の農家が任意のものを選択する事業を取り入れた国もある（Storkey et al., 2012）．例えばイギリスやドイツでは，上述のヘッドランドを動植物の生育場と位置づけて不作付地とし，そこでは除草剤や殺虫剤を散布しない，また場合によっては施肥しないという，雑草群落保全に寄与する管理が実施されてきた．このように目標が明確に定められた場合，保全対象生物への保全効果は特に高くなると指摘されている（Kleijn et al., 2006；Walker et al., 2007）．

2）ドイツにおける耕地雑草群落の保全事例

　CAPは全体として一定の効果を上げてはいるが，希少な種に対する効果は低い傾向にある（Potts et al., 2010；Kleijn et al., 2006）．希少種を保全したい場合，

生育している保全上のホットスポットにおいて保全活動を行う必要があるのだが，例えば AES では農家が環境保全の取り組み内容を決定するので，ある生物の保全にとって重要なエリアで，その種をターゲットとした保全活動が行われるとは限らないのである．また，耕地面積や収量が減少するような管理オプションの利用率は低く，耕地外の緩衝帯の管理のようなオプションの利用率が高い傾向がみられるという (Potts et al., 2010)．

ドイツでは 1980 年代より，生物生息空間として耕地の縁辺部にフィールドマージンやヘッドランドを設け，環境保全を推進してきた．しかし，5 年ごとに制度が見直されること（一般に植物相が再生されるにはもっと長い時間が必要である），その際の手続きが煩雑であることから，このプログラムを実施する農地面積は近年急激に減少している．

そこで，これまでのようなボトムアップ式の保全策ではなく，保全上重要な地区を保全対象として指定し，そのエリア内を重点的に保全するというトップダウン式の取り組みが 2007 年より始まっている．「生物多様性のための 100 圃場プログラム」と呼ばれるこの取り組みでは，重点的に保護すべき保護エリアに生育する耕地雑草群落，動物相を長期間（最大 25 年間）にわたって保全する．指定された地区では，継続的な生物調査を行うとともに，指定された地区間における情報交換を定期的に行う仕組みをつくっている (Meyer et al., 2010)．

このプログラムの指定地の 1 つである，ドイツ南部・ミュンヘン郊外のカストナー・グリューベでは，多様な種が生育する雑草群落を保全するための活動を，地元の NGO が 2000 年より実施している．集約農業の普及に伴い，ドイツでは冬季作物（冬コムギ），ナタネ，トウモロコシといった作目が増加し，冬コムギ作の拡大が冬作地の雑草群落の衰退に結びついた．カストナー・グリューベでは，慣行農業を実施していた耕地において除草剤と肥料の投入を中止し，伝統的な輪作体系として，10 月から 8 月まで冬ライムギ栽培を開始している（図 4.6）．ライムギは高茎作物であるため，雑草に対する競争力が穀物の中で最も強く，ヨーロッパではかつて最も主要な穀物であった．成長すると 2 m 以上にもなるライムギは，雑草の開花・結実を促すために，地上 1 m 程度の高さで収穫される．収穫後はイネ科牧草とクローバーを混播し，次の年にはヒツジを放すことで，ヒツジの糞とクローバーが土壌に窒素を穏やかに供給する．あわせて，32 種の希少雑草の種子が生物地理的に同一地域とみなせるミュンヘン平原内から集められ

4. 雑草の群落動態：侵入定着と生育型戦術

て管理地に播種され，そのうちの多くの種は早々に姿をみせるようになった．耕地雑草群落構成種には，大型の背丈で美しい花をつける種が少なくない．6月にもなると，*Consolida regalis*, *Centaurea cyanus*, *Legousia speculum veneris* などの花が紫に，ポピーの仲間が赤にと，鮮やかに咲き乱れることになる（図4.6参照）．

d. 雑草群落の保全と管理の両立を図るために

ここまでみてきたように，雑草の作物への直接的な増収効果は必ずしも明確ではないが，一部の種を用いた場合には増収が認められる事例も報告されている．耕地雑草群落構成種の農業利用を進めるためには，圃場に成立している雑草群落をそのまま利用するのではなく，雑草群落の構成種の中でも，緑肥として役立つもの，あるいは害虫害の軽減を図るために有効なグループを把握することが重要である（Storkey, 2006）．そこから望ましい雑草群落となるように植生管理したり，一部の種を圃場外から導入するなど，戦略的に雑草を利用することが必要であろう．また，全体として雑草と作物の競合が増収に対する問題となることが多いため，緑肥として用いる場合には休閑期を利用するなど，時間的な概念を取り入れることも必要であろう．

本節で取り上げた事例が実施されたヨーロッパでは，耕地雑草群落構成種がとりわけ絶滅の恐れの高い種群であるだけでなく，農地の生物多様性保全に対する国民の高い理解がある．こういった要因こそが，作物と競合関係にある耕地雑草を保全対象とすることができた大きな理由であると考えられる．一方で，耕地雑草の保全に対して農業者や市民から広く支持を得るためには，保全活動が生態系機能の回復や作物収量に代表される作物生産機能の向上に及ぼす影響を，考慮の対象としなくてはならない．その際，雑草−作物の競合関係や，休耕中の雑草群落で結実した種子が埋土種子集団や将来の作物収量に及ぼす影響など，これまでの雑草学において蓄積されてきた知見を十分にふまえた上で，議論を展開する必要がある（Zimdahl, 2004；Petit *et al.*, 2011）． ［山田　晋］

●引用文献●

相田美喜・伊藤一幸・池田浩明・原田直國・石井康夫・臼井健二：雑草研究, 48（別），46-47, 2003.

Andreasen, C. and Stryhn, H.：*Weed Res.*, **48**, 1-9, 2008.

Andreasen, C., Stryhn, H. and Streibig, C.：*J. Appl. Ecol.*, **33**, 619-626, 1996.

Berendse, F., Chamberlain, D., Kleijn, D. and Schekkerman, H.：*Ambio*, **33**, 499-502, 2004.

Fried, G., Norton, L. R. and Reboud, X.：*Agric. Ecosyst. Env.*, **128**, 68-76, 2008.

Fried, G., Petit, S., Dessaint, F. and Reboud, X.：*Biol. Conserv.*, **142**, 238-243, 2009.

Gianoli, E., Ramos, I., Alfaro-Tapia, A., Yaldéz, Y., Echegaray, E. R. and Yábar, E.：*Int. J. Pest Manag.*, **54**, 283-289, 2006.

原　涼子・坂井直樹：筑波大学農林技術センター研究報告，**19**，1-19，2006.

Hawes, C., Haughton, A. J., Bohan, D. A. and Squire, G. R.：*Basic Appl. Ecol.*, **10**, 34-42, 2009.

伊藤一幸：雑草の逆襲，全国農村教育協会，2003.

Kantelhardt, J., Osinski, E. and Heissenhuber, A.：*Agric. Ecosyst. Env.*, **98**, 517-527, 2003.

Kleijn, D. and van der Voort, A. C.：*Biol. Conserv.*, **81**, 57-67, 1997.

Kleijn, D., Baquero, R. A., Clough, Y., Díaz, M., De Esteban, J., Fernández, F. and Gabriel, D.：*Ecol. Lett.*, **9**, 243-254, 2006.

Kromp, B.：*Agric. Ecosyst. Env.*, **74**, 187-228, 1999.

Marshall, E. J. P. and Moonen, A. C.：*Agric. Ecosyst. Env.*, **89**, 5-21, 2002.

Matson, P. A., Parton, W. J., Power, A. G. and Swift, M. J.：*Science*, **277**, 504-509, 1997.

Meyer, S., Wesche, K., Metzner, J., Van Elsen, T. and Leuschner, C.：*Asp. Appl. Biol.*, **100**, 287-294, 2010.

Meyer, S., Wesche, K., Krause, B. and Leuschner, C.：*Divers. Distrib.*, **19**, 1-13, 2013.

宮原益次：水田雑草の生態とその防除，全国農村教育協会，1992.

Nezomba, H., Tauro, T. P., Mtambanengwe, F. and Mapfumo, P.：*Field Crops Res.*, **115**, 149-157, 2010.

西尾　健・和泉真理・野村久子・平井一男・矢部光保：英国の農業環境政策と生物多様性，筑波書房，2013.

Perfecto, I., Vandermeer, J. H., Bautista, G. L., Nuñez, G. I., Greenberg, R., Bichier, P. and Langridge, S.：*Ecology*, **85**, 2677-2681, 2004.

Petit, S., Boursautl, A., Le Guiilloux, M., Munier-Jolain, N. and Reboud, X.：*Agron. Sustain. Dev.*, **31**, 309-317, 2011.

Potts, G. R., Ewald, J. A. and Aebischer, N. J.：*J. Appl. Ecol.*, **47**, 215-226, 2010.

Poveda, K., Gómez, M. and Martínez, E.：*Rev. Colomb. Entomol.*, **34**, 131-144, 2008.

Promsakha Na Sakonnakhon, S., Cadisch, G., Toomsan, B., Vityakon, P., Limpinuntana, V., Jogloy, S. and Patanothai, A.：*Field Crops Res.*, **97**, 238-247, 2006.

Pyšek, P., Jarošík, V., Kropáč, Z., Chystrý, M., Wild, J. and Tichý, L.：*Agric. Ecosyst. Env.*, **109**, 1-8, 2005.

Ratnadass, A., Fernandes, P., Avelino, J. and Habib, R.：*Agron. Sustain. Dev.*, **32**, 273-303, 2012.

Staudacher, K., Schallhart, N., Thalinger, B., Wallinger, C., Juen, A. and Traugott, M.：*Ecol. Appl.*, **23**, 1135-1145, 2013.

Storkey, J.：*Weed Res.*, **46**, 513-522, 2006.

Storkey, L., Meyer, S., Still, K. S. and Leuschner, C.：*Proc. R. Soc. B Biol. Sci.*, **279**, 1421-1429, 2012.

Tilman, D. Cassman, K. G., Matson, P. A., Naylor, R. and Polasky, S.：*Nature*, **418**, 671-677, 2002.

Walker, K. J., Critchley, C. N. R., Sherwood, A. J., Large, R., Nuttall, P., Hulmes, S., Rose, R. and Moutford, J. O.：*Biol. Conserv.*, **136**, 260-270, 2007.

山田　晋：農業および園芸，**87**，363-370，2012.

Zimdahl, R. L.：Weed-Crop Competition, Blackwell Publishing, 2004.

●コラム●　**オオバコ──高山植物ハクサンオオバコとの自然交雑**

　人里や農耕地を本来の生育場所とする雑草が，高山・亜高山帯を有する山岳域（以下，高山域）にも分布を広げ，新たな雑草害ともいえる現象を引き起こしている．このような雑草の代表にオオバコがある．

　オオバコが高山域に侵入していることは1970年前後から報告されており，高山植物の群落がオオバコに置き換わってしまった場所もある．オオバコの種子は濡れると種皮から粘液が出てくるので，人や車，ヘリコプターで荷揚げされる資材などに付着し，高山域へと運ばれる．登山道や山小屋の周辺，キャンプ場などは人の踏みつけや草刈りなどの攪乱を常に受けるので裸地化しやすく，そこがオオバコの格好の生育場所となる．こうして高山域に侵入したオオバコは，さらなる問題の種子を播いた．本州中部地方以北の日本海側の亜高山帯には，日本固有の高山植物としてオオバコと同属のハクサンオオバコが分布しており，白山はその南端にあたるのだが，そこでオオバコとハクサンオオバコの雑種が見つかったのである（中山ら，2008）．

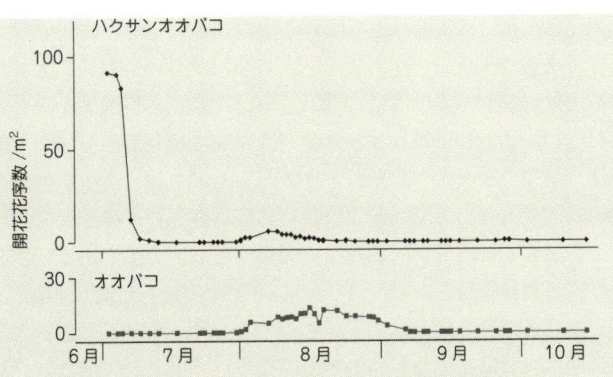

図A 白山の亜高山帯におけるハクサンオオバコとオオバコの開花フェノロジー（佐野，2013を改変）

　白山では，1975年に標高2100 mの亜高山帯でオオバコの生育が確認されており，現在では標高約2450 mの高山帯まで広範囲に分布している（野上・吉本，2013）．亜高山帯でも，山小屋やキャンプ場のある，踏みつけが特に強く高山植物の被度や草高が低くなった場所に生育しているが，木道の敷かれた湿原の内部には侵入していない（中山，2006）．どうやらオオバコは，人が踏みつけて高山植物が衰退していかないと，簡単には高山域の植生に入り込めないようだ．一方でハクサンオオバコは，雪解け水で潤う湿原（雪田植物群落）を本来の生育地とするが，山小屋の周りやキャンプ場，登山道などでも比較的湿った場所ならば生育できるようである．こうして雑草であるオオバコと高山植物であるハクサンオオバコが同じ場所に生えるようになり，両者が交雑する機会が生まれたと考えられる．しかし，同じ場所に生えていても，花を咲かせる時期が異なれば交雑することはない．高山植物には雪解けとともに花を咲かせるものが多く，ハクサンオオバコもこのタイプである（佐野，2013）．一方オオバコは，雪解けから開花するまでに1か月以上かかる．では，どのようにして交雑したのだろうか？　また，今後も交雑するのだろうか？　この謎を，ひと夏の3か月半を山小屋に泊りこんで開花フェノロジーを調べた大学院生が明らかにした．

　ハクサンオオバコは，雪解け直後の7月上旬に多くの花を咲かせ，7月中旬には開花を終えた．しかし，8月上旬には花を咲かせる個体が再びみられた．実は，ハクサンオオバコの開花時期は2回あったのである（図A）．一方，オオバコには明瞭な開花のピークはみられず，8月上旬から9月上旬にかけて咲き続けた．そしてハクサンオオバコの2回目の開花時期が，オオバコの開花時期と重なっていることがわかった．翌年にも，さらに次の年にも，同じような開花パターンが観察されたので，過去にも同じように開花が重なる時期はあったのだろうし，将来にもあるだろう．また，

4. 雑草の群落動態：侵入定着と生育型戦術

雑種は7月上旬～9月下旬にかけて断続的に開花したので，両親種のいずれとも戻し交雑が可能である．

　ハクサンオオバコが8月上旬にも咲くことは，定期的に現地を訪れていれば気づいたかもしれない．しかし，ハクサンオオバコが高山植物でも珍しい，開花時期が2回ある開花フェノロジーをもち，それがオオバコとの交雑の機会を生む要因であることは，現地に長期間滞在して調べることなくしては発見できなかっただろう．地面に這いつくばって調査する雑草学の基本姿勢の大切さは，高山であっても変わらない．

　近縁種間での交雑と戻し交雑によって起こる遺伝子浸透は，純系の在来種を絶滅させるなど，生物多様性に重大な影響をもたらすおそれがある．オオバコとハクサンオオバコの雑種は，今のところ亜高山帯につくられたキャンプ場の中で生育するにとどまっているが，今後は雪田植生に侵入・定着できる性質をもった雑種後代が現れるかもしれない．その予防と対策として，石川県と環白山保護利用管理協会，環境省らが協力してボランティアを活用しながらオオバコや雑種の除去作業などを行っている（野上・吉本，2013）．

〔中山祐一郎〕

●引用文献●

中山祐一郎：はくさん，34（3），7-12，2006．

中山祐一郎・野上達也・柳生敦志：石川県白山自然保護センター研究報告，35，17-22，2008．

野上達也・吉本敦子：白山の自然誌33 白山の外来植物，石川県白山自然保護センター，2013．

佐野沙樹：大阪府立大学大学院生命環境科学研究科修士論文，2013．

5 攪乱条件化における雑草群落の反応

5.1 雑草の除草剤抵抗性生物型の進化

a. 除草剤の作用機構による分類

　世界で最初の有機化学合成除草剤である 2,4-D（植物ホルモン作用攪乱剤）が 1947 年に開発されてから，さまざまな作用をもつ除草剤が次々と登場している．除草剤は植物に対して複数の作用点を一般に有し，除草剤が最初に直接作用する部分を一次作用点と呼んでいる．一次作用点の機能が阻害されると，連鎖的に他の機能も阻害され，最終的に植物が枯死する．

　除草剤が植物を枯死させる主な作用機構として，光合成阻害，光合成に関与する色素形成阻害，植物ホルモン作用攪乱，呼吸阻害，アミノ酸・タンパク質生合成阻害，脂質生合成阻害，細胞分裂阻害および過酸化物生成などが挙げられ，最近では雑草防除に RNA 干渉を利用することも考えられている．除草剤のうち，動物にはその機能がなく，植物だけが有している光合成や特定のアミノ酸生合成，植物ホルモンなどの機能を阻害する化合物を利用した除草剤は，人畜毒性や魚毒性が低い．近年は人畜毒性や魚毒性が低いことに加え，より少量で雑草に対する効果が高い化合物が開発され，それらの化合物を複数組み合わせた混合剤が，液剤や固形剤として場面に応じて活用されている．日本の水稲作では，除草剤が使用される以前の 1940 年代中頃には，10 a あたり平均約 50 時間を除草のために費やしていた．しかし，除草剤の使用によって除草にかかる労力と時間，経費が大幅に削減され，1990 年代初めには，除草時間が 10 a あたり 2 時間足らずに短縮された．さらに現在では，水稲の栽培期間中 1 回の処理で済む除草剤も開発され，除草に要する時間は 10 a あたり 5 分もかからないようになった．

　農耕地では，防除対象となる雑草が作物と同様に高等植物であり，さらに両者の科や属が同じであるなど近縁である場合が多い．このため，殺菌剤や殺虫剤とは異なり，作物に害を与えずに雑草だけを枯死させる選択性を除草剤に付与する

5. 攪乱条件化における雑草群落の反応

ことは困難を伴う．しかし，両者の生育段階や発芽深度，除草剤の吸収・移行・代謝などの差，すなわち感受性の差を利用した選択性除草剤が農耕地では一般に使用されている．また，非選択性除草剤グリホサートに対する抵抗性（耐性）を付与した遺伝子組換えダイズとナタネの商業栽培が，1996 年にアメリカ合衆国で始まり，これらの栽培圃場ではグリホサートが寡占的に使用されるようになった．その後，トウモロコシやワタ，テンサイ，アルファルファなどでも，グリホサートあるいはグリホシネートなどに抵抗性（耐性）をもつ遺伝子組換え品種の商業栽培が始まり，2012 年の除草剤耐性（抵抗性）遺伝子組換え作物の栽培面積は，害虫抵抗性を併せもつスタック品種を加えると，全世界で 1 億 4420 万 ha に達している．

b. 雑草の除草剤抵抗性の進化と遺伝様式

　多様な雑草が存在するのと同じく，除草剤もまた多様である．雑草は種によって除草剤に対する感受性が異なるため，特定の除草剤を連用すると，出現する雑草の種組成が変化する．例えば，過酸化物を生成し植物を枯らすパラコートを連用すると一年生雑草が減少し，地下の栄養繁殖器官から再生可能な多年生雑草が優占する．移行性の除草剤であるグリホサートを使用すれば，地下に形成された栄養繁殖器官にも効果があるため多年生雑草が減少し，埋土種子集団から出芽する一年生雑草が相対的に増加する．このような雑草相の変化を，weed shift と呼んでいる．現在はさまざまな作用機構をもつ除草剤が市販されており，除草剤を場面によって使い分けることで，weed shift を利用して特定の雑草を優占させることが可能となり，管理がより容易な雑草で構成される群落に移行させることができる．

　除草剤に対する感受性・耐性の差異に起因する雑草の種組成の変化とは別に，ある除草剤に対して種レベルでもともと感受性であった雑草の個体が，特定の除草剤の連用によって，通常枯死する濃度の除草剤に曝された後も枯死せずに繁殖し，集団中の頻度が高くなるケースが世界中で次々と報告されている．これが，雑草の除草剤抵抗性生物型の顕在化である．前述の weed shift は，種レベル以上において除草剤に対する感受性・耐性の差が存在するために生じる雑草相の変化であるのに対し，除草剤抵抗性生物型の顕在化は，種内の個体間における除草剤感受性の差である．除草剤の使用は防除対象となる雑草集団に対して強い選択

5.1 雑草の除草剤抵抗性生物型の進化

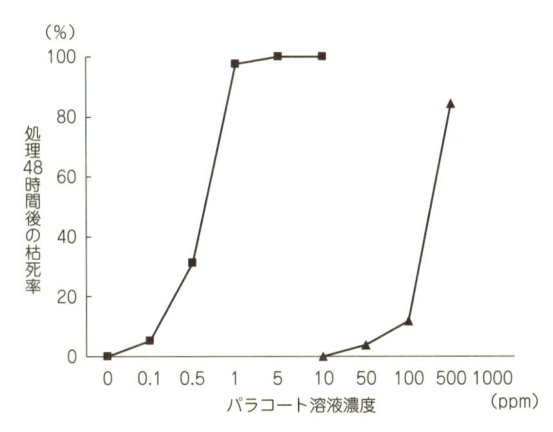

図 5.1 オオアレチノギクのパラコート抵抗性生物型（▲）と感受性生物型（■）のパラコート処理後の枯死率（埴岡，1989 より作成）

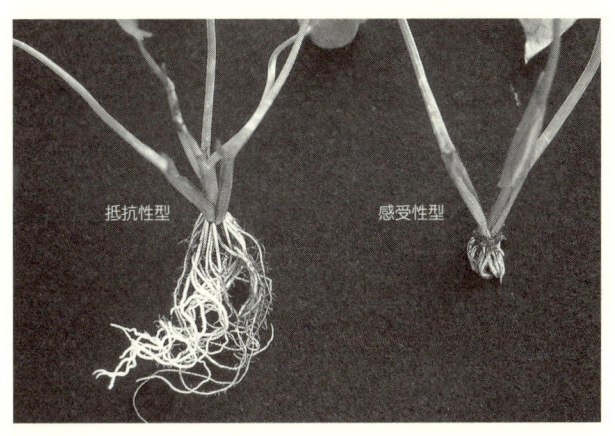

縦軸：処理 48 時間後の枯死率（%）
横軸：パラコート溶液濃度（ppm）

図 5.2 コナギのスルホニルウレア系除草剤（SU 剤）に対する反応

SU 剤抵抗性生物型（左），感受性生物型（右）．通常の SU 剤使用濃度の溶液中で 10 日間水耕栽培した結果．抵抗性生物型では新根の伸長が認められるが，感受性生物型では新根の伸長がまったく認められない．

圧として働き，通常は対象となった集団の 90〜99%の個体が枯死する．しかし除草剤抵抗性生物型は，その抵抗性の程度が高い場合，除草剤を標準使用量の数十〜数百倍の濃度で使用しても枯死せず（図 5.1，5.2），繁殖することになる．

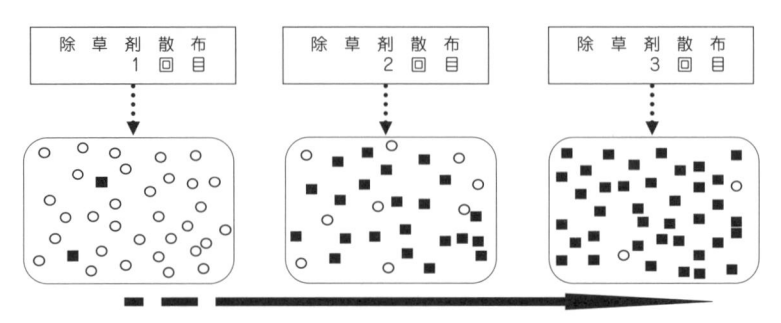

5. 攪乱条件化における雑草群落の反応

図 5.3 除草剤処理による除草剤抵抗性生物型の頻度の増加（概念図）
進化速度は，当該雑草の遺伝的・生物的・生態的特性と防除体系に依存する.
○：感受性個体，■：抵抗性個体.

この除草剤抵抗性生物型が世界で最初に認知されたのは 1968 年，アメリカ合衆国・ワシントン州の苗木畑に出現したノボロギクにおいてであった（Ryan, 1970）. この場所では 1958 年以降，光合成阻害剤であるトリアジン系除草剤のシマジンあるいはアトラジンが，年に 1～2 回，毎年散布されていた. これらの除草剤が連用されていない場所から採取したノボロギクにシマジンを 1.12 kg/ha の濃度で処理すると，すべての個体が枯死したのに対し，抵抗性生物型は 8.96 kg/ha の濃度でもすべての個体が生き残った. 日本での最初の事例としては，埼玉県の桑畑でパラコートに抵抗性をもつハルジオンの生物型が 1980 年に認められている（Watanabe et al., 1982）. この抵抗性生物型は，感受性生物型（野生型）の 50～100 倍の抵抗性を示した.

雑草の除草剤抵抗性は，除草剤の作用そのものによってもたらされるのではなく，集団中に極めて低い頻度でもともと存在していた，自然突然変異で生じた抵抗性個体に由来するものである. 除草剤の使用によって感受性生物型が集団から除去されると，抵抗性生物型だけが生き残ることになって，その頻度が短期間のうちに高くなり，顕在化するのである（図 5.3）. 例えばアメリカ合衆国では，アセト乳酸合成酵素（ALS）阻害剤の一種であるスルホニルウレア系除草剤を使用し始めてから 5 年目には，トゲチシャ（Mallory-Smith et al., 1990）やホウキギ（Primiani et al., 1990）でこの除草剤に対する抵抗性生物型が顕在化した.

雑草の除草剤に対する抵抗性は，2014 年 1 月 6 日現在，世界の 61 か国から少なくとも 225 種の雑草で報告されている（図 5.4）. 日本では，水田雑草を中心

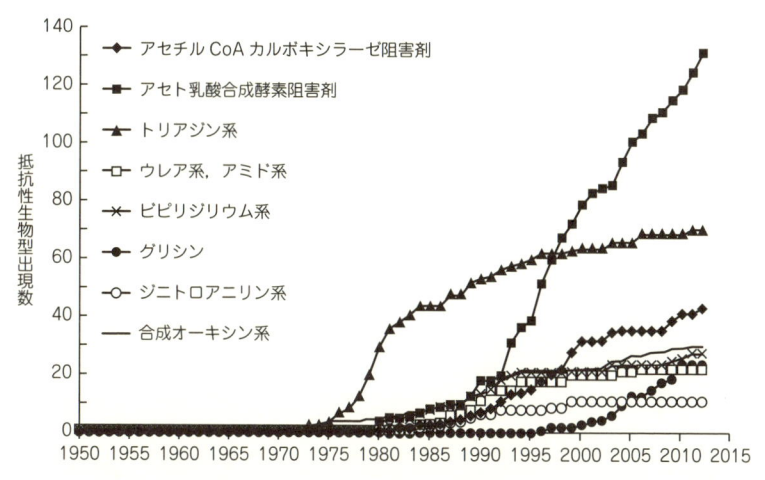

図 5.4 雑草の除草剤抵抗性生物型出現数の年次推移（Heap, 2014 より作成）

に 31 種で報告されている．

　異なる作用機構をもつ複数の除草剤に対し，1 個体が同時に抵抗性をもつことを複合抵抗性と呼ぶ．グリホサート耐性遺伝子組換え作物が広く栽培されているアメリカ合衆国のオハイオ州やミシシッピー州では，グリホサートと ALS 阻害剤，あるいはグリホサートとパラコートに同時に抵抗性を示すヒメムカシヨモギが顕在化している（Heap, 2014）．他殖する雑草では，ある除草剤に対して抵抗性を獲得した個体と，別の除草剤に対して抵抗性を獲得した個体が交雑することが十分起こりうるため，複数の除草剤に対して同時に抵抗性をもつ複合抵抗性個体が出現する可能性が高い．またオーストラリアでは，ALS 阻害剤やアセチル-CoA カルボキシラーゼ（ACCase）阻害剤など作用点が異なる 7 種類の除草剤に対して，同時に抵抗性をもつボウムギの集団の存在が報告されている（Burnet et al., 1994）．

　今までに報告されている雑草の除草剤抵抗性のほとんどは，1 個あるいは少数の優性核遺伝子に支配されているが，例外として，イネ科雑草を選択的に防除するジニトロアニリン系除草剤のトリフルラリンに対するエノコログサの抵抗性は，劣性 1 遺伝子に支配されている．これは，エノコログサが 99% 以上自殖する二倍性の種であるため，抵抗性を付与する劣性遺伝子が速やかにホモ接合となり表現型として現れることと，1 個体あたり 1 万 2000 個もの種子を生産するこ

5. 攪乱条件化における雑草群落の反応

とによると考えられる．個々の遺伝子の効果が小さい微動遺伝子が除草剤抵抗性に関与している例が報告されていないのは，近年開発された除草剤の作用点が特異的で，かつ選択圧が非常に強力であるため，十分な抵抗性を獲得するのに必要な数の微動遺伝子が1個体に集積される確率が極めて低いからである（Jasieniuk et al., 1996）．また，トリアジン系除草剤に対する抵抗性は，イチビの例を除いて葉緑体ゲノムによって付与されている．この場合，抵抗性は母性遺伝することになる．

複合抵抗性生物型が優占すると使用可能な除草剤が限られ，最悪の場合，除草剤による防除は困難になる．雑草の除草剤抵抗性生物型が顕在化することを防ぐために，同じ作用点をもつ除草剤の連用を避けたり，除草剤以外の雑草防除手段を講ずるなどの方策が必要である．

c. 除草剤抵抗性の機構

雑草の除草剤抵抗性生物型が抵抗性を発現する生理・生化学的な機構に関しては，未解明な部分が多い．除草剤抵抗性は，除草剤の作用点である酵素のアミノ酸置換による立体構造の変化（図5.5），除草剤の吸収・移行の阻害，解毒作用に関与するシトクロムP450の活性増大，あるいはグルタチオン抱合による解毒作用などによって獲得される．さらに，除草剤が標的とする酵素が遺伝子増幅によって過剰発現し，抵抗性を獲得した例がグリホサート抵抗性 *Amaranthus palmeri* において新たに報告されている（Gaines et al., 2010）．この抵抗性生物型では，グリホサートが標的とするシキミ酸経路の5-エノールピリビルシキミ酸-3-リン酸合成酵素（EPSPS）そのものの活性は，抵抗性生物型でも感受性生物型でも変わらない．しかし抵抗性生物型は，感受性生物型と比較して平均で77倍，最大で160倍以上のEPSPS遺伝子を有し，mRNAの発現量は35倍で，20倍のEPSPSを生産する．その結果，散布されたグリホサートに比較してはるかに大量のEPSPSを有することになり，グリホサートの阻害効果が及ばず，抵抗性を発現する（図5.6）．これには，トランスポゾンの1つであるMITEs（miniature inverted-repeat transposable elements）が関与している可能性が示唆されている（Gaines et al., 2013）．

一方で，除草剤の散布時期あるいは残効期間を過ぎてから発芽することによって，枯死を回避している雑草もいる．例えばカラスムギの種子休眠性の遺伝率は

5.1 雑草の除草剤抵抗性生物型の進化

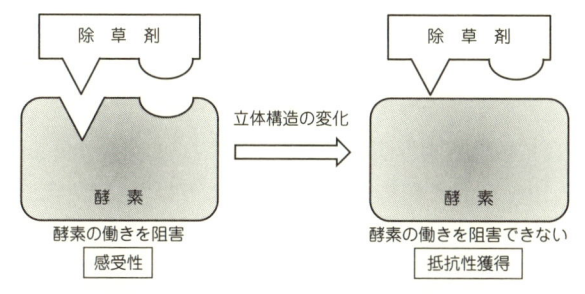

図5.5 標的酵素の立体構造の変化（概念図）
除草剤が結合できなくなり，抵抗性を獲得する．

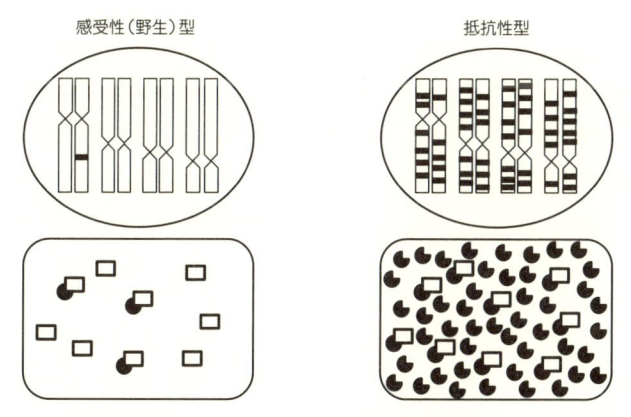

図5.6 EPSPS の過剰発現によるグリホサート抵抗性の獲得（Powles, 2010 を改変）
●：EPSPS，□：グリホサート．

0.5 であり（Jana and Naylor, 1980），ノハラガラシでは 0.13 である（Witcombe and Whittington, 1972）．除草剤の散布時期が一定であったり，散布回数が少ない場合は，散布時期や残効期間を休眠などで乗り切ってから発芽する個体の頻度が高くなり，結果として除草剤を散布しても多くの個体が残ることになる．

d．雑草の除草剤抵抗性生物型の適応度

適応度は次世代に残す子孫の数で定義され，繁殖に至るまでの生存率や時間あたり，個体あたりの種子生産数などが関わってくる．除草剤抵抗性遺伝子の拡散は，抵抗性を獲得した個体の適応度と密接に関係しているため，抵抗性個体の適

応度を評価することは極めて重要である.

　トリアジン系除草剤に対し，一塩基置換によって抵抗性を獲得したアオゲイトウは，競争力や適応度が感受性生物型と比較して劣り，これらの除草剤が散布されない環境下では抵抗性生物型が優占することはない（Conard and Radosevich, 1979）. しかし，1980年代以降広く使用されるようになった ALS 阻害剤に対する抵抗性生物型のうち，一塩基置換によるものは，塩基置換の種類が異なっていても適応度に関して感受性生物型と差異がないことが報告されている（Li et al., 2013）. このことは，ALS 阻害剤が散布されない条件下でも抵抗性個体の頻度は低下せず，いったん使用されると ALS 阻害剤に対する抵抗性が速やかに進化することを示している.

　除草剤抵抗性生物型の適応度の評価には，対象とする個体の遺伝的背景や遺伝子の多面発現の有無など考慮すべき要因が多く，まだ不明な点が多い. 除草剤抵抗性生物型の適応度は，農耕地や自然集団における除草剤抵抗性個体の頻度の変化，すなわち除草剤抵抗性の進化に直接関わる形質であるため，今後さらなるデータの蓄積が求められる.

e. 除草剤耐性組換え作物の栽培における除草剤抵抗性雑草の出現

　前述のように，遺伝子組換え技術によって作出された除草剤耐性（抵抗性）作物の商業栽培が 1996 年に開始され，2012 年には南北アメリカを中心に約 1 億 5000 万 ha の畑で，除草剤耐性のダイズ，トウモロコシ，ナタネ，ワタ，テンサイ，アルファルファなどが栽培されるようになっている. また，除草剤耐性（抵抗性）と害虫抵抗性などを併せもつスタック品種の栽培面積は，4370 万 ha に達した. これらの除草剤耐性作物は，非選択性除草剤のグリホサート，グルホシネート，ブロモキシニルなどのいずれかに対する耐性（抵抗性）をもっており，当該除草剤が散布されてもその生育に影響はなく，枯れることはない.

　除草剤耐性作物のうち，最も広く栽培されているのはグリホサート耐性作物である. ダイズとトウモロコシ，あるいはこれらに加えワタの輪作が行われている地域では，いずれの作物でもグリホサート耐性品種が栽培される. そのため，これらの地域でグリホサートが散布されても，もともと枯れにくいツユクサ類やスギナ類などの雑草が優占する傾向がみられる. またグリホサート耐性ダイズの栽培時に，前作のグリホサート耐性トウモロコシのこぼれ種子から芽生えた個体

5.1 雑草の除草剤抵抗性生物型の進化

(volunteer crop：前作の作物が後作で害草となるもの) がグリホサート散布後も残存し、ダイズと競争することが問題となっている。さらに、グリホサートの連用によって雑草のグリホサート抵抗性生物型が顕在化し、2014年1月6日現在で25種の雑草で報告されている (Heap, 2014)。雑草でのグリホサート抵抗性生物型の出現は、グリホサート耐性 (抵抗性) 組換え作物から雑草へ耐性 (抵抗性) 遺伝子が拡散したことによるのではない。自然突然変異で生じた雑草のグリホサート抵抗性個体の頻度が、グリホサートの連用によって高くなり顕在化したのであって、グリホサート耐性作物とはその耐性 (抵抗性) の機構が異なっている。これらの雑草の抵抗性は5.1.c項で述べたように、グリホサートのターゲット酵素であるEPSPS遺伝子座における一塩基置換、葉からのグリホサート吸収阻害、あるいはグリホサート吸収後の転流阻害、EPSPSの過剰発現によって付与されている。

雑草のグリホサート抵抗性生物型の適応度に関しては、ボウムギで抵抗性個体の適応度の低下が報告されている (Pederson *et al.*, 2007；Preston and Wakelin, 2008；Preston, 2009)。逆にオヒシバでは、過度に低下しないことが報告されている (Ng *et al.*, 2003)。

除草剤耐性作物の栽培に関しては、当該作物から祖先野生種や近縁野生種への除草剤抵抗性遺伝子の流動も留意すべき課題である。一般に、作物が非栽培条件下で長年にわたり集団を維持することは困難である。また、作物とその近縁野生種との間に雑種が形成されたとしても、その雑種は作物の特性をある程度もつので、非栽培条件下では適応度が低く、自然環境中に抵抗性遺伝子が拡散される可能性は低いと推定される。例えば、日本ではダイズの祖先野生種であるツルマメが、ダイズ畑の周辺にも普通に生育している。ダイズとツルマメの間にはまれに雑種が形成されるが、その雑種が形成する種子数は少なく、その種子の越冬率は極めて低いなど、雑種の適応度は自然状態では低いことが示されている (加賀, 2008)。

一方でイネ属のいくつかの作物では、その近縁野生種と高い頻度で遺伝的に交流し、作物・雑草複合を形成している。この場合、農耕地における雑種の適応度は低くなく、戻し交雑も頻繁に生じているので、除草剤抵抗性遺伝子が自然集団に残存し、拡散する可能性が高い。ナタネとアブラナ科の雑草など、作物・雑草複合における除草剤抵抗性遺伝子の自然環境への拡散に関しては未解明の課題が

5. 攪乱条件化における雑草群落の反応

残っており，今後も研究が必要である． ［冨永　達］

● 引用文献 ●

Burnet, M. W. M., Hart, Q., Holtum, J. A. M. and Powles, S. B.：*Weed Sci.*, **42**, 369-377, 1994.
Conard, S. G. and Radosevich, S. R.：*J. Appl. Ecol.*, **16**, 171-177, 1979.
Gaines T. A., Zhangb, W., Wangc, D., Bukuna, B., Chisholma, S. T., Shanerd, D. L., Nissena, S. J., Patzoldte, W. L., Tranel, P. J., Culpepperf, A. S., Greyf, T. L., Webstergr, T. M., Vencillh, W. K., Sammonsc, R. D., Jiangb, J., Prestoni, C., Leacha, J. E. and Westra, P.：*PNAS*, **107**, 1029-1034, 2010.
Gaines T. A., Wright, A. A., Molin, W. T., Lorentz, L., Riggins, C. W., Tranel, P. J., Beffa, R., Westra, P. and Powles, S. B.：*PLoS ONE*, **8**, e65819, 2013.
埴岡靖男：雑草研究，**34**，201-214，1989.
Heap, I.：The International Survey of Herbicide Resistant Weeds. http://www.weedscience.com（2014年1月6日確認）
Jana, S. and Naylor, J. M.：*Can. J. Bot.*, **58**, 91-93, 1980.
Jasieniuk, M., Brûlé-Babel, A. L. and Morrison, I. N.：*Weed Sci.*, **44**, 176-193, 1996.
加賀秋人：第23回日本雑草学会シンポジウム講演要旨，34-39，2008.
Li, M., Yu, Q., Han, H., Vila-Aiub, M. and Powles, S. B.：*Pest Manag. Sci.*, **69**, 689-695, 2013.
Mallory-Smith, C. A., Thill, D. C. and Dial, M. J.：*Weed Technol.* **4**, 163-168, 1990.
Ng, C. H., Wickneswari, R., Salmijah, S., Teng, Y. T. and Ismail, B. S.：*Weed Res.*, **43**, 108-115, 2003.
Pederson, B. P., Neve, P., Andreasen, C. and Powles, S. B.：*Basic Appl. Ecol.*, **8**, 258-268, 2007.
Powles S. B.：*PNAS*, **107**, 955-956, 2010.
Preston, C. and Wakelin, A. M.：*Pest Manag. Sci.*, **64**, 372-376, 2008.
Preston, C., Wakelin, A. M., Dolman, F. C., Bostamam, Y. and Boutsalis, P.：*Weed Sci.*, **57**, 435-441, 2009.
Primiani, M., Cotterman, M. J. C. and Saari, L. L.：*Weed Technol.*, **4**, 169-172, 1990.
Ryan, G. F.：*Weed Sci.*, **18**, 614-616, 1970.
Watanabe, H., Honma, T., Ito, K. and Miyahara, M.：*Weed Res., Japan*, **27**, 49-54, 1982.
Witcombe, J. R. and Whittington, W. J.：*Heredity*, **29**, 37-49, 1972.

●コラム● **イヌホタルイ**
——水田雑草として時代を超えて生き抜くしたたかさ

●水田を住処(すみか)とする生活史

　イヌホタルイはカヤツリグサ科に属する水田雑草で，単に「ホタルイ」と呼ばれることが多い．しかし，本当のホタルイは沼や湿地に生育する別種（変種または亜種とする見解もある）の植物で，毎年水稲を栽培している水田ではほとんどみられない．人が管理する場所に生える植物を雑草，人手があまり入らないところに生える植物を野草とすれば，イヌホタルイは水田の雑草，ホタルイは湿地の野草といってよい．私たちが水田でよく目にするのは，ホタルイではなく雑草のイヌホタルイである．

　イヌホタルイは，開花・結実して地上部が枯れた後も株元に多数の芽を形成して越冬する多年生雑草であるが，稲作準備のための代掻きにより残株が泥に練り込まれると，越冬芽は萌芽できずに死滅する．そのため，不耕起水田や畦畔際，あるいはイヌホタルイの残株が土壌表面に露出した場所を除けば，水田では種子から発芽した個体が大部分を占める．夏から秋にかけて生産された種子は休眠中で発芽しないが（初期休眠），冬〜初春に水田土中で休眠覚醒が進み，稲作が始まる4〜5月まで発芽可能な状態で水田に水が入るのを待つ．水田が湛水されると，種子は嫌気条件で一斉に発芽する．とはいっても，一度に発芽するのは土壌表層のごく一部の種子で，大部分の種子は未発芽のまま夏期に湛水土壌中で再度休眠に入る（二次休眠）．二次休眠種子も冬から春にかけて休眠が覚醒し，次の稲作で土壌表層の種子が発芽するが，ここでも発芽しなかった種子は再び休眠に入る．このように，イヌホタルイの埋土種子は毎年の稲作で少しずつ発芽する一方，発芽できなかったものは休眠導入と休眠覚醒を繰り返し，出芽のチャンスを待ちながら何年も生存する（図A）．

　日本各地の遺跡から出土した雑草種子の鑑定を行った笠原安夫博士は，稲作が定着したとされる弥生時代初期の土層から，イヌビエやコナギなどの典型的な水田雑草とともに「ホタルイ」とされる種子を数多く見つけている．島根県米子市目久美遺跡の文献（笠原ら，1986）には，イヌホタルイの識別ポイントとなる刺針状花被片が残っている古代種子の写真が掲載されており，それをみると当時はホタルイとイヌホタルイが混在していたようである．稲作の定着から現在まで本種が水田を住処にしてきたのは，稲作環境によく適応した生活史と埋土種子の残りやすさによるところが大きい．

　ホタルイにも同じような種子休眠の季節変化がみられるが，こちらは人の手が入ら

5. 攪乱条件化における雑草群落の反応

ず攪乱の少ない湿地で残りやすい特徴がある．細い花茎を数多く伸ばして，その株元には多数の越冬芽が形成され，湿地の不耕起条件でよく萌芽する．

● **水稲除草剤に負けないで生き抜く**

イヌホタルイは，ホタルイに比べると1960年代から広く普及した水稲用除草剤（CNPなど）に対する感受性が低い傾向があり（岩崎，1983），これこそイヌホタルイが主要水田雑草として生き残っている理由の1つとされる．またイヌホタルイには他にも除草剤の影響をうまく回避する特性があり，土壌表面下1cmよりも深い埋土種子から出芽する個体が多いのだが，そのような個体には土壌表面にある除草剤成分があまり吸収されないので生き残る．

さらに，イヌホタルイには除草剤抵抗性の生物型が知られている．1980年代にはイヌホタルイに対する効果が極めて高い数種のスルホニルウレア系除草剤（SU剤）が開発され，1990年代にはそれらが水稲用一発処理剤の主成分として全国の水田で使われるようになった．こうして完璧に防除できるようになるはずだったが，イヌホタルイもさるもので，SU剤に抵抗性を示す生物型が生き残り，増加したのである．

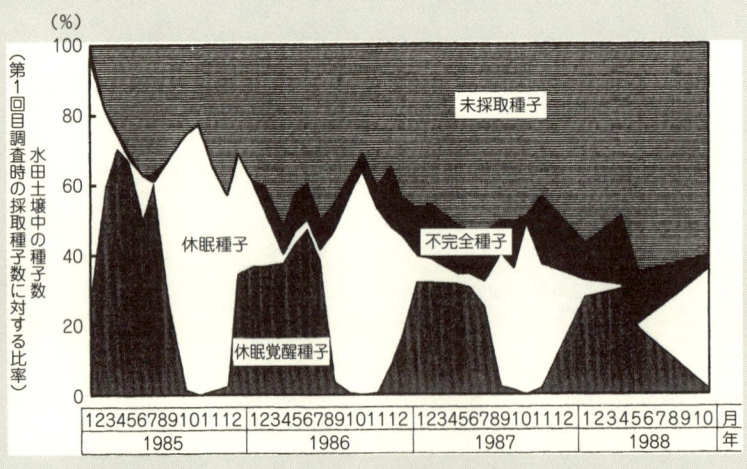

図A 水田におけるイヌホタルイ埋土種子の生存状態（渡辺ら，1991）

これは除草剤の作用点遺伝子が変異して抵抗性となったもので，変異部位が異なるいくつかの生物型が知られており，その違いによって抵抗性を示す除草剤成分も異なる（Uchino et al., 2007）．

人間による除草剤開発は雑草の生き残り戦略に変化をもたらし，それが除草剤開発の新たな方向につながる．このような両者の相互関係は，これからも続くだろう．

［渡邊寛明］

● 引用文献 ●

岩崎桂三：雑草研究，28（3），163-171，1983．

笠原安夫・武田満子・藤沢　浅：加茂川改良工事に伴う埋蔵文化財発掘調査報告書（米子市教育委員会編），pp. 98-128，1986．

Uchino, A., Ogata, S., Kohara, H., Yoshida, S., Yoshioka, T. and Watanabe, H.：*Weed Biol. Manag.*, **7**（2），89-96，2007．

渡辺寛明・宮原益次・芝山秀次郎：雑草研究，36（4），362-371，1991．

● コラム ● コナギとミズアオイの生態

　コナギはアジアの熱帯から温帯に，ミズアオイは亜寒帯から温帯にかけて分布する，代表的な一年生水田広葉雑草である．日本では，ミズアオイは水田雑草として主に北海道に分布しているのに対して，コナギは北海道では道南にわずかに発生するのみで，主に本州，四国，九州および沖縄に発生している．長い稲作の歴史の中で，コナギとミズアオイはそれぞれの分布地域内において，常に強害草または害草として扱われてきた．

　ミズアオイの古名は「ナギ」であり，コナギは「小型のミズアオイ」という意味である．万葉集などの古歌にもよく詠まれているが，昔から両者は混同されることが多かった．

　　　醤酢に　蒜搗き合てて　鯛願ふ　われにな見せそ　水葱の羹　　　（万葉集：3829）

コナギとミズアオイの生態をみると，両者は一年生水田雑草であるために，水田での耕作スケジュールに生活史を適応させている．そのため，田に水が張られる春から初夏にかけてが発芽の適期となる．両者は8月下旬から開花を始めて9～11月まで開花，結実を続け，土壌の表面に種子を落とす．落下した種子は耕耘などの農作業によってシードバンクを形成し，次年以降の発生源となる．

　コナギ・ミズアオイともに，葉の形態は極めて多様化しており，無柄の線形葉（沈水）や有柄の狭披針形葉（浮水または抽水），披針形葉（浮水または抽水），卵形葉（抽水）および心形葉（抽水）などの種類がある．また同じ個体であっても，葉の形は生育時期によってかなり異なる．発芽後4～5葉（コナギ）または5～6葉（ミズアオイ）は線形葉で，発芽後30～40日経つと葉柄が伸びて葉身が披針形に変わり，さらに生育盛期になると卵形または心形をした葉に変わる．水深などの生育環境がいくら変わっても，葉身の形はいったん形成されてしまえば変わらない．

5. 攪乱条件化における雑草群落の反応

　コナギとミズアオイは，4月播種の場合で8時間日長では，それぞれ播種後41日と48日前後で開花したが，自然日長では播種後109日と134日前後となり，15時間以上の日長では開花が全く認められなかった．また人工気象器で日長条件を変えて検討した結果，両草種は15時間以上の長日条件下では開花することができず，限界日長をもつ質的短日性雑草であることが認められた．

　また，日本各地から採集したコナギとミズアオイの播種後から開花までの平均日数は，両草種ともに産地間に明瞭な差異が認められた．全体的にみると，産地が南下するに従って開花の時期は遅くなる傾向を示す．また同じ産地（または緯度）においては，コナギはミズアオイよりも早く開花することがわかっている．このような日長反応にみられる産地間の種内変異は，各産地の地理的分布と何らかの関係をもつものと推察される．

　コナギとミズアオイの花には雄蕊が6個あり，5個は小さくて葯は黄色（小雄蕊），1個は大きくて葯は花被片と同じ青紫色である（大雄蕊）．花には大雄蕊と柱頭の位置が左右で異なる2つの型があり，鏡像二型性（enantiostyly）を示す．すなわち，花からみて大雄蕊が右側，柱頭は左側に位置するもの（L型）と，反対に大雄蕊が左側，柱頭は右側に位置するもの（R型）がある．L型の花とR型の花は花序の各分枝上に交互につくが，自然集団においてL型とR型の数はほぼ1：1である．

　花は朝に開花して夕方にしおれる一日花で，蜜はない．ミズアオイの主要な訪花昆虫はミツバチ，クマバチ，マルハナバチ類，コハナバチ類およびハナアブ類である．ミツバチ類，クマバチ，マルハナバチ類などの中～大型のハチが訪花した場合，大雄蕊と柱頭は昆虫の体の左右対称の位置に接触するので，異花受粉は異型花の間で起こりやすく，同型花の間では起こりにくいことが予想される．

　1980年代末からスルホニルウレア系除草剤（SU剤）が普及して，ミズアオイは簡単に防除できるようになり強害草としての関心は薄れたが，1993年に日本で最初にSU剤抵抗性水田雑草が出現すると再び注目されるようになった．最近では，北海道と東北地方の水田や東日本大震災の津波跡地などで発生がみられるが，関東以西の水田にはほとんどみられず，個体数や自生地が著しく減少し，環境省により準絶滅危惧種に指定されるようになった．

　一方コナギも最近の新しい除草剤の開発と普及により防除が容易になってきたにもかかわらず，その繁殖が衰える兆しはなく，除草剤の効果が不十分な水田や休耕田などで現在も多発生している．また，1998年に秋田県と茨城県でSU剤抵抗性生物型コナギが報告され，その後19府県でこの抵抗性生物型の顕在化が確認されている．

　このような両草種の発生動向については，今後とも水稲栽培法，除草法および生態環境の変化などと関連づけて注目する必要がある．また両草種には幅広い種内変異の

存在が認められ，その分布実態の概況が明らかになっているが，これらを念頭において生理・生態特性について種々の観点から明確にし，有効な除草体系の確立に役立たせることが必要である．一方，種の多様性保持に国際的関心が集まっている今日，関東以西で準絶滅危惧種となっているミズアオイに対しては十分な配慮が必要である．水稲の安定生産のためには雑草制御が欠かせないが，生物種の保全という観点から，どの程度配慮すべきかについての研究が急務であると思われる． ［汪　光熙］

5.2 外来植物の侵入メカニズムとリスク評価

a．外来植物とは

外来植物は一般的に「もともと外国で生育していた植物のうち，日本に存在するもの」と定義される．しかし，外来植物の定義は人間が自然をどう認識するかという価値観を反映したものであり，時代や人によって少しずつ異なる．また，関連する用語についても，これまでにもさまざまなものが提唱されてきた（村中，2010）．したがって，外来植物あるいは外来雑草という言葉を用いる際には，どのような意味でその言葉を使っているかを明確にし，混乱を招くことのないよう注意が必要である．表5.1および図5.7には，代表的なものとしてPyšek et al.（2004）による定義を示す．

日本は海に囲まれており，海外から持ち込まれた生物を判別しやすいため，「特定外来生物による生態系等に係る被害の防止に関する法律」（以下，外来生物法）でも外来生物を「海外から持ち込まれた」と定義している．ただ，国は人為的に定められた境界であるから，生物学的な境界とは必ずしも一致しない．したがって，同一国内であっても，本来の生息地ではない場所に人為的に持ち込まれた場合には外来生物となり，これを国外由来の外来生物と区別して国内外来生物と呼んでいる．植物では，沖縄からオーストラリアの熱帯地域を原産地とする広葉樹のアカギが代表的な例で，1900年代初めに薪炭材として小笠原諸島に導入された（山下，2002）．その後放置され，現在では在来樹林にも分布を拡大し，小笠原本来の森の姿を変えつつある（環境省，2007）．

5. 攪乱条件化における雑草群落の反応

表5.1 外来植物に関する用語 (Pyšek et al., 2004 より作成)

用語	英語	定義
在来植物	native plants (indigenous plants)	人為の関与なしに，対象とする地域*に生育する分類群．在来植物として存在する場所から人為によらず到達した植物も含む．
外来植物	alien plants (exotic plants, introduced plants)	対象とする地域に，意図的あるいは非意図的な人為の関与により存在する分類群．外来植物として存在する場所から自然分散により到達した植物も含む．
一時帰化植物 (仮帰化植物)	casual alien plants	栽培条件下以外で開花あるいは繁殖するが，個体群の維持ができずに死に絶える外来植物．その場所で生育するには，繰り返し人為的に持ち込まれる必要がある．
帰化植物	naturalized plants	直接的な人為的関与なしに（あるいは人為的関与にも関わらず），種子などの繁殖器官を自ら補充することによって，少なくとも10年以上自己更新する個体群を維持している外来植物．
侵略的植物	invasive plants	親植物から相当離れた場所で繁殖できる子孫を生産するもの．たいていの場合，多数の子孫を生産し，広範囲に広がる可能性をもつ．帰化植物のうち，一部は侵略的植物となる．
改変者	transformers (edificators)	侵略的植物（外来種とは限らない）のうち，相当範囲にわたって生態系の性質，状態，形質を変える植物（「相当範囲」の具体的な広さは，対象とする生態系によって変わる）．
雑草	weeds (pests, harmful species, noxious plants)	1.1節参照（外来種とは限らない）．なお"noxious plants"は雑草のうち，防除や根絶が法的に規定されている分類群に使われることが多い．

( ) は類義語を表す．日本語は長田（1976）による．
*地域はどのようにでも定義でき，例えば，大陸，島，生物学的もしくは生態学的地域，政治的な地域（国，県など）が考えられる．

b. 外来植物の影響

図5.7に示すように，外来植物には栽培条件下のみで生育するものと，それから逸出して野外で生育するものとがある．前者の代表的な例はコムギやサツマイモなどで，現在日本で栽培しているほとんどの作物は前者にあたる．上述したアカギは利用目的で持ち込まれた外来植物が逸出し雑草化した例であるが，その影

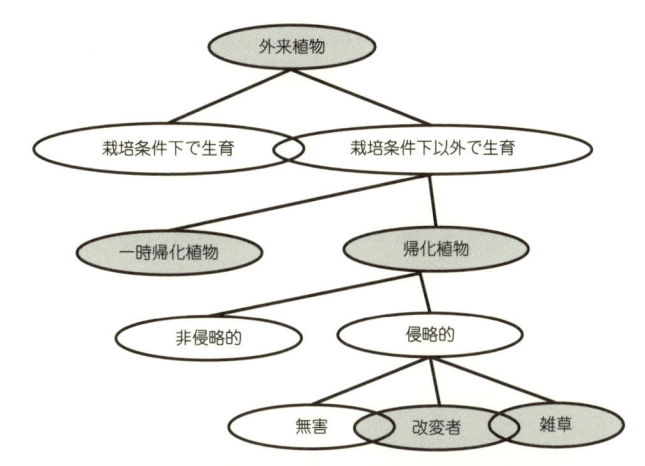

5.2 外来植物の侵入メカニズムとリスク評価

図 5.7 外来植物の区分（Pyšek *et al.*, 2004 より作成）
枠線の重なりは，両方のカテゴリーに入る植物が存在しうることを示す．

響は在来種を減少させるという「生態系への影響」に分類される．外来植物の影響はこれに加え，「農林水産業など経済活動への影響」と「人間の健康に及ぼす影響」の3つに大別される．

このうち生態系への影響は，近縁在来植物との交雑による遺伝子の固有性の損失や，在来生物の個体が抑圧され地域個体群がついには消滅してしまうといった形で現れる．また，生態系の性質そのものが変わってしまう事例も知られている．このような影響は，①光や養分を巡る競合のように外来植物の在来植物に対する直接的な作用，②外来植物に送粉昆虫が多く集まることで在来植物の結実率が低下するなど，他の生物群を介しての作用，③土砂の堆積，あるいは窒素の固定など非生物学的な環境要因を介しての作用によって生じる．なお，表5.1および図5.7における改変者とは，③の作用をもつ植物の総称である．

①に該当する例として，アカギのほかには，北アメリカ原産の一年生草本であるオオブタクサが挙げられる（鷲谷，1996）．オオブタクサは，1950年代に静岡県と千葉県への侵入が報告されていて（長田，1976），主に河川や造成地に群生する．成長が早く草丈も 2～3m に達するため，他の植物を被陰する．また，永続的な土壌シードバンクを形成することから，河川の氾濫など予測不能な攪乱下でも生育できる．国の特別天然記念物である埼玉県さいたま市田島ヶ原のサクラソウなど，在来種との競合や駆逐が懸念されており，各地で駆除が行われている

5. 攪乱条件化における雑草群落の反応

(外来種影響・対策研究会, 2003).

外来植物が直接在来植物に及ぼす影響には, 交雑による遺伝的攪乱もある. 日本では, 法面緑化に伴って導入された外来シマカンギクと在来のノジギクとの自然交雑が報告されている（中田・伊藤, 2003）. このような遺伝的攪乱では, 例に挙げた種間交雑のほかにも, 同一種内に異なる遺伝的特性をもつ個体群が存在する場合に種内の交雑が問題となる場合がある. 交雑の具体的な問題点としては, 遺伝的固有性の喪失（赤坂・五箇, 2012）, 雑種強勢による侵略的なバイオタイプの出現（Schierenbeck and Ellstrand, 2009）, 逆に外交弱勢による適応性の低下（McKay et al., 2005）などが挙げられる.

②の例としては, ユーラシア大陸原産で北アメリカに侵入したエゾミソハギ（*Lythrum salicaria*）があり, 本種の存在により北アメリカ在来種の *L. alatum* への訪花昆虫が減少することが知られている (Brown et al., 2002).

③の例として世界的に最もよく知られているのは, 干潟に生育する *Spartina anglica* である. この植物は, 土砂を堆積しそれまで植生がなかった場所に純群落を形成し（Gray et al., 1991）, 生態系基盤を改変するため, 水鳥や干潟に生息する無脊椎動物にも影響を及ぼす (Hedge and Kriwoken, 2000). *S. anglica* は, 北アメリカからイギリスに導入された *S. alterniflora* がイギリス在来の *S. maritima* と交雑して出現した, 雑種 *S. ×townsendii* の染色体数が倍加してできたものである (Gray et al., 1991). 環境への影響の大きさとその起源により, この植物は外来植物問題の象徴的な存在になっている. 日本にはまだ定着していないが, 特定外来生物に指定されており, 持ち込むことは原則禁止されている.

農林水産業などの経済活動に影響を及ぼす外来種としては, 夏作物で大きな被害をもたらしているアレチウリが代表的である. アレチウリは北アメリカ原産で, 第二次世界大戦後に輸入量が大幅に増えたダイズに混入して入ってきたのではないかと推測されている（淺井, 1993）. また, 南アメリカ原産のナガエツルノゲイトウは, 水路や湖沼に大きな群落をつくり, 水管理上の問題や農業用水の取水ポンプの目詰まりなどを起こしている. これらの2種は, いずれも特定外来生物に指定されている.

人間の健康に及ぼす影響としては, 先に挙げたオオブタクサやブタクサ, 外来牧草が花粉症の原因となることが知られている.

c．外来植物の侵入段階と侵入メカニズム

　日本において帰化状態にある外来植物の数は，明治時代が始まった1868年には約20種であった（Enomoto, 1999）．それが1910年には45種，1931年には133種となり，第二次世界大戦終了後には急激に増加し，1956年には300種，1977年には716種，1995年には1196種，そして現在では1547種を記録している（国立環境研究所, 2013）．日本在来の種子植物とシダ植物を合わせた種数が約6000種（米倉・梶田, 2003-）であるから，帰化植物はその約1/4に達する．また，外来植物全体では，2237種（2006年現在）が記録されている（村中, 2008）．

　これらの外来植物は，その状態に応じて一次帰化，帰化あるいは侵略的と呼ばれるが，侵入段階として整理すると，①輸送，②導入，③定着，④拡散の4段階となる（図5.8）．各段階には次の段階に移るために克服すべき障壁があり，この障壁を越えられなかった種は，どの段階においても侵入に失敗したことになる．①の輸送段階においては，海や険しい山など地理的な障壁を越えなければならないが，交通手段の発達した現代ではこの障壁の重要性は以前と比較して格段に低くなった．②の導入段階では，目的があって持ち込まれる（意図的導入）植物については栽培管理という障壁を越える必要があるが，輸入品への混入などで意図せずに持ち込まれる（非意図的導入）植物については，野外に直接放出される．なお日本語の「導入」は意図的な行動が前提となっているが，以降では「導入」という言葉は，意図的，非意図的に関わらず外来植物を持ち込む行為を指すために使うこととする．③の定着段階では，個体が野外で生存するために必要な条件と，個体が繁殖する条件の2つがそろわなければ次の拡散段階には移ることができない．また，④の段階に移った外来植物の中には，爆発的に分布域を拡大させた後，自然に消滅するものがあることも知られている（Simberloff and Gibbons, 2004）．

　このように，外来植物は「侵略的」と呼ばれるようになるまでに4つの段階を経るが，侵入が成功するメカニズムについてはこれまでにさまざまな仮説が立てられている（Catford et al., 2009）．例えばオニウシノケグサやシロツメクサは，道路沿いなどにごく普通にみられるが，これは種子が毎年多量に輸入されている（農林水産省植物防疫所, 2012）ことと無縁ではないだろう．このように，種子など拡散のために必要な器官が多量にあるいは頻繁に供給されれば，侵入の成功

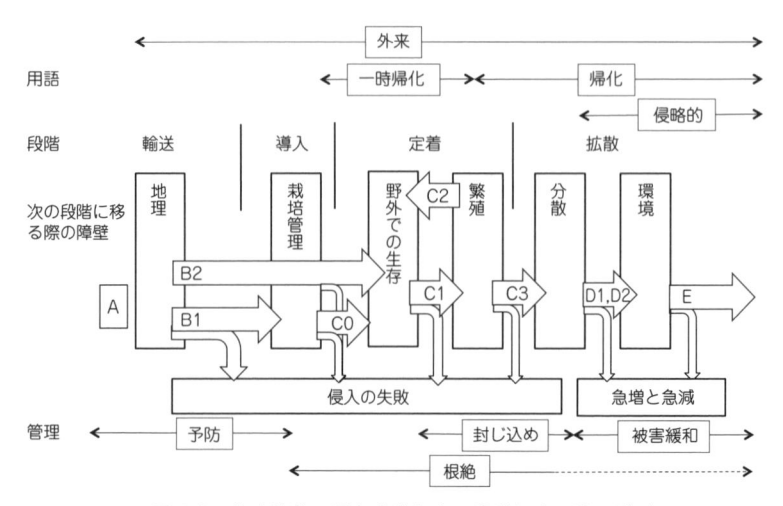

5. 攪乱条件化における雑草群落の反応

図5.8 外来植物の侵入段階と次の段階に移る際の障壁
（Blackburn *et al.*, 2011を改変）

アルファベットと数字で示した白抜きの矢印は移行状態を示す．用語は図5.7と対応しており，侵略的になった外来植物のうち一部が「雑草」となる．
A：本来の分布域にのみ存在している状態．B1：本来の分布域を越えて輸送された後，栽培条件下にある状態．B2：輸送後，直接野外に放出された状態．C0：栽培条件下から逸出が始まった状態．C1：野外で存続するが繁殖までには至らない状態．C2：野外で繁殖するが個体群の維持はできない状態．C3：野外で個体群を維持しているが，導入された場所に留まっている状態．D1：導入された場所からかなり離れた場所で個体群を維持している状態．D2：D1に加え，繁殖している状態．E：複数地点で個体群が維持され，また繁殖し分布域を広げている状態．

確率が上がるという仮説（propagule pressure, Williamson, 1996）がある．また，侵入先に利用されていない資源がある場合（empty niche, MacArthur, 1970）や，天敵がいない場合（enemy release, Elton, 1958）にも侵入は促進されると考えられている．こういったさまざまな仮説を整理すると，外来植物の侵入には，その植物の散布体圧と個体群の生物学的特性，侵入先の群落の生物学的特性，および土壌や気温などの非生物学的特性が相互に関連しながら，影響を及ぼしていることがわかる（図5.9）．

また，このように侵入メカニズムを要因ごとに分けることは，外来植物の管理手法を考える際にも有効である．例えば上述した *Spartina anglica* は，北アメリカ，ヨーロッパ，オーストラリア，中国の沿岸部に分布するため，日本沿岸での環境要因との関係性は，侵入を成功させる方向に働くと予想される．したがっ

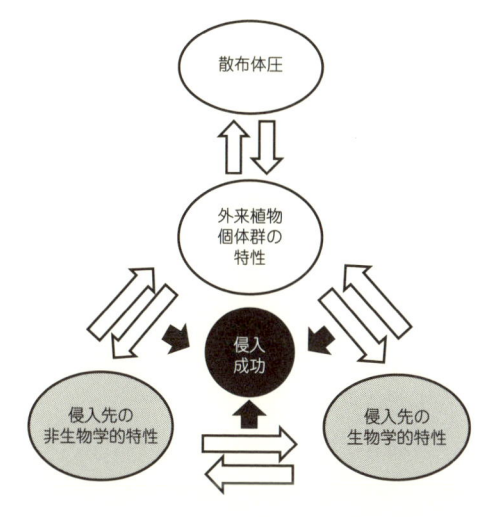

図 5.9 外来植物の侵入成功のメカニズムを表す模式図
各楕円は侵入に関わる要因を表す．灰色の要因は環境要因としてまとめられる．
白抜きの矢印は，それぞれの要因に関係性があること，また場合によっては相互作用があることを示す．黒の矢印は，その関係性が侵入を促進する方向に働いた場合に侵入が成功することを示している．それぞれの関係性が侵入成功に及ぼす影響の強さは，侵入事例によって，あるいは侵入過程によって変化する．また，外来植物の特性以外の要因は人為的な関与により変化しうる．

て，侵入を阻止するには散布体の導入を防ぐのが最も効率的と考えられ，特定外来生物に指定し，散布体の導入を未然に防ぐ行為は非常に有意義である．別の例として国内各地の飼料用トウモロコシ畑で問題になっているイチビを考えてみよう．イチビの原産地はインドであるが，北アメリカのトウモロコシ畑の雑草となっており，輸入飼料に混入した種子が原因で日本国内に広がったと考えられている．このように広範囲に広がってしまった外来植物については，もはや散布体圧の制御は非常に困難なため，環境要因の制御によって被害を抑えることになる．具体的には，除草剤などの使用（非生物学的要因への人為的関与）や，別の作物に変える（生物学的要因への人為的関与）などの方法が考えられる．

d. 外来雑草のリスク評価

「雑草」（図 5.7 参照）となる，あるいはなった外来植物は管理が必要であるが，前項で述べた侵入の段階によって，効率的な管理方法は異なる．図 5.8 の「管理」はそれぞれの侵入段階に応じた管理方法を示しているが，このうち最も効果的かつ効率的な管理方法は「予防」である（Williams, 1997）．具体的には，国内に導入されたら雑草となるような植物を予測しておき，意図的，非意図的に関わらず国内への持ち込みを阻止することであり，国内に生育していない植物が対象となる．

5. 攪乱条件化における雑草群落の反応

　定着の初期段階にある外来雑草が対象の場合は，「根絶」を目指すことになる．根絶は，外来植物の影響を最小限に留める意味でも，また防除コストの面からも，予防の次に望ましい管理目標であるが，埋土種子集団を形成する植物などでは特に難しい．

　また，カリフォルニアでの防除事例に基づくと，分布が約 10 km^2 を超えると根絶は実際上不可能になるため（Rejmanek and Pitcairn, 2002），「封じ込め」や「被害緩和」が管理目標になる．封じ込めは限定された地域以外に外来雑草が広がらないように管理することを意味し，被害緩和は分布拡大を抑制することが困難になった外来雑草や，封じ込めを管理目標とするほど被害が大きくないものに対して，現在起きている被害の軽減を目指す管理をいう．

　農耕地や線路，法面などの雑草管理は，管理者が明確であり，人が容易に把握できる範囲が対象である．また，管理しなければ作物の被害が増加する，品質が低下するなど，管理に伴うコストを負担すべき理由も明確であった．しかし，5.2.b 項で述べたような自然生態系への影響を防止あるいは軽減するために管理を行う場合は，管理コストを誰が負担すべきか不明確であったり，場合によっては国土全体が対象となるため，個人の判断で管理が行われることはほとんどない．この場合，国や地方自治体，NPO などが防除主体となるため，どの雑草種を管理対象とすべきかという判断を，科学的根拠を用いて客観的に行う必要性が生じる．それに応えるため，雑草リスク評価という手法が開発されている．また実際の管理の中で，リスク評価手法をどのように活用すべきかについても議論されている．

　ここでは一例として，オーストラリアとニュージーランドの雑草研究者がまとめた考え方を示す（図 5.10）．実際の防除活動を評価にフィードバックさせ，常に関係者と意志の疎通を行いながら管理を実行していく点に注意してほしい．

　図中では未導入の外来雑草とすでに存在するものとを同時に扱っているが，リスク評価手法については，前者を対象とするものを導入前雑草リスク評価手法（pre-border weed risk assessment），後者を対象とするものを導入後雑草リスク管理手法（post-border weed risk management）と分けている．

　導入前雑草リスク評価手法は予防を目的に行うものであり，未導入の外来植物を対象に，生物学的な特性などから導入された場合の被害状況を推定し，導入してよい植物とそうでない植物に分けるものである．評価手法にはこれまでさまざ

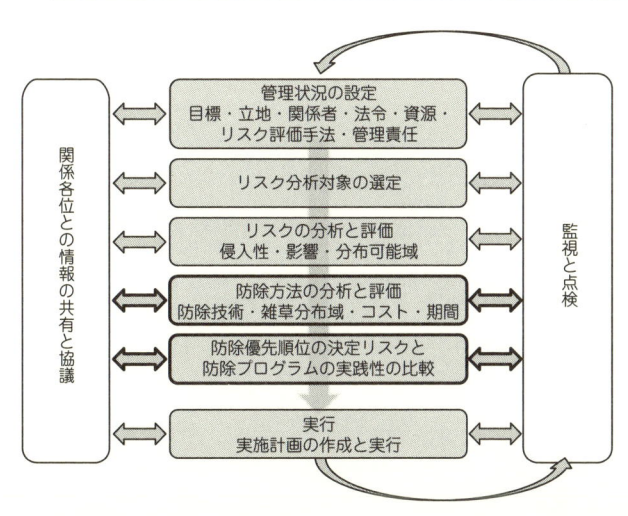

図 5.10 外来雑草のリスク管理過程(Standards Australia, 2006 を改変)太枠の部分は,対象地域にすでに存在している外来雑草のリスク管理過程にのみ関係する.未導入の外来雑草を対象とする場合には,この部分は考慮しない.

まなものが考案されているが(Auld, 2012),実際にオーストラリアとニュージーランドで使われているという実績からオーストラリア式雑草リスク評価システム(図5.11)が最も有名で,世界各地で有効性が確かめられている.この方法は日本でも活用でき,10点を基準とすると,約8割の確率で雑草性を正しく判別できる(Nishida et al., 2009).

導入後雑草リスク管理手法は,根絶あるいは封じ込めを目標とする,比較的分布範囲が限られた外来雑草の管理優先順位を決めるためのものと,被害緩和すべき場所あるいは雑草の優先順位を決めるためのものとに分かれる.これらは導入前雑草リスク評価手法に比べて,対象地の特性をより強く反映させる必要があることから,国際的に標準とされる手法は現在のところ存在しない.しかし,根絶などを目的とした外来雑草の管理優先順位決定法の利用については,国や自治体のレベルで実績が積み重ねられている(Auld, 2012;Oreska and Aldridge, 2011).被害緩和を目的とした手法については,開発が試みられてはいるものの(Downey, 2010;Timmins and Owen, 2001),実質的な利用はこれからである.外来雑草がかなり広がってしまった場合には,管理行動が生育地の生態系に与え

5. 攪乱条件化における雑草群落の反応

		学名：	*Chromolaena odorata*		結果：		
		英名：	Siam weed		受入れ<0 要審査0-6 拒否>6	拒否	
					点数	23	
		科名：	キク科		申請者名	CW	

			歴史／生物地理学的特性		
A	1	栽培特性	1.01	栽培種か？ そうでない場合は2.01へ	N
C			1.02	栽培された場所で帰化植物となった事例があるか？	
C			1.03	種内に雑草系統があるか？	
	2	気候と分布	2.01	オーストラリアの気候に適しているか？(0-低；1-中；2-高)	2
			2.02	2.01の判断の根拠となったデータの質．(0-低；1-中；2-高)	2
C			2.03	気候適性は広いか？	N
C			2.04	乾季が長い地域で自生または帰化しているか？	Y
			2.05	自然分布域外で繰り返し導入が行われた経緯があるか？	Y
C	3	他の地域で雑草化の歴史	3.01	帰化した事例があるか？	Y
E			3.02	庭／行楽施設／攪乱地の雑草か？	
A			3.03	農地／園芸／林地の雑草か？	Y
E			3.04	自然環境中の雑草か？	Y
E			3.05	同属に雑草があるか？	Y

			歴史／生物地理学的特性		
A	4	望ましくない特質	4.01	針やトゲをもつか？	N
C			4.02	アレロパシー作用をもつか？	N
A			4.03	寄生植物か？	
C			4.04	放牧家畜の嗜好性が劣るか？	N
C			4.05	動物にとって毒性があるか？	Y
C			4.06	害虫や病原体の宿主か？	
E			4.07	人にアレルギーを起こすかあるいは毒性をもつか？	Y
E			4.08	自然生態系中で火災を起こすか？	N
E			4.09	生活史の中で耐陰性を有する時期があるか？	N
E			4.10	痩せ地で生育するか？	
E			4.11	他の植物によじ登ったり，覆い尽くすような生育特性をもつか？	Y
E			4.12	密生した藪を形成するか？	N
E	5	形質	5.01	水生植物か？	N
C			5.02	イネ科植物か？	
C			5.03	窒素固定を行う木本植物か？	
C			5.04	地中植物か？	
C	6	繁殖	6.01	自生地において実質的に有性生殖していないという証拠があるか？	N
C			6.02	発芽力のある種子を生産するか？	Y
C			6.03	自然交雑が起こるか？	
C			6.04	自家受粉するか？	
C			6.05	特定の花粉媒介者を必要とするか？	N
C			6.06	栄養繁殖を行うか？	Y
C			6.07	種子生産開始までの最短期間(年)．	1
A	7	散布体の散布機構	7.01	散布体が非意図的に散布されるか？	Y
C			7.02	散布体が意図的に散布されるか？	
A			7.03	散布体が農(林畜園芸)産物に混入して散布されるか？	Y
C			7.04	散布体は風散布に適応しているか？	Y
E			7.05	散布体が水(海流)散布されるか？	Y
E			7.06	散布体が鳥散布されるか？	
C			7.07	散布体が動物の体表に付着して散布されるか？	Y
C			7.08	散布体は動物の排泄物を通じて散布されるか？	
C	8	持続性に関する属性	8.01	種子の生産量が多いか？	Y
A			8.02	1年以上存在するシードバンクを形成するか？	
A			8.03	有効な除草剤があるか？	Y
C			8.04	切断，耕起あるいは火入れに耐性があるか，あるいはそれらにより繁茂が促進されるか？	
E			8.05	オーストラリアに有効な天敵が存在するか？	

図 5.11 オーストラリア式雑草リスク評価システムの個票（Pheloung *et al.*, 1999を改変）雑草タイプ：A＝農業雑草，E＝環境雑草，C＝両方．最低必要回答数：①＝2, ②＝2, ③＝6. 原則として，雑草性の特徴をもつ場合は1点が加算され，そうでない場合には1点が減じられる．農業雑草か環境雑草かを分けたいときには，AとCあるいはEとCの点数をそれぞれ計算する．オーストラリアでは，新しく導入する植物についてはすべてこのリスク評価を受けることになっており，6点を超える植物は導入できない．

る影響が大きくなり，またそのような行動の有効性も評価しなくてはならない．そのため，植物種の情報に加えてその場所の重要度や植物の管理が生態系に与える影響，さらに管理の有効性など，植物種を対象にする場合よりも格段に多くの情報が必要になることと，評価結果の不確実性が高まることが，利用実績が少ない原因と考えられる．しかし，モウソウチクなど，日本国内でも相当範囲に広がった外来雑草が多くみられることから，今後の手法開発が強く望まれる．

[西田智子]

● 引用文献 ●

赤坂宗光・五箇公一：エコシステムマネジメント―包括的な生態系の保全と管理へ（五箇公一・森　章編），pp. 98-123，共立出版，2012.

淺井康宏：緑の侵入者たち―帰化植物のはなし，朝日新聞社，1993.

Auld, B. : *Plant Prot. Quarterly*, **27**, 105-111, 2012.

Blackburn, T. M., Pyšek, P., Bacher, S., Carlton, J. T., Duncan, R. P., Jarosik, V., Wilson, J. R. U. and Richardson, D. M. : *Trends Ecol. Evol.*, **26**, 333-339, 2011.

Brown, B. K., Mitchell, R. J. and Graham, S. A. : *Ecology*, **83**, 2328-2336, 2002.

Catford, J. A., Jansson, R. and Nilsson, C. : *Divers. Distrib.*, **15**, 22-40, 2009.

Downey, P. O. : *IPSM*, **3**, 451-461, 2010.

Elton, C. S. : The Ecology of Invasions by Animals and Plants, Mathuen, 1958（川那部浩哉・大沢秀行・安部琢哉訳：侵略の生態学，思索社，1971）．

Enomoto, T. : Biological Invasions of Ecosystem by Pests and Beneficial Organisms, NIAES Series 3（Yano, E., Matsuo, K., Shiyomi, M. and Andow, D. A. eds.），pp.1-14, Yokendo Publishers, 1999.

外来種影響・対策研究会編：河川における外来種対策の考え方とその事例，リバーフロント整備センター，2003.

Gray, A. J., Marshall, D. F. and Raybould, A. F. : *Adv. Ecol. Res.*, **21**, 1-62, 1991.

Hedge, P. and Kriwoken, L. : *Austral Ecol.*, **25**, 150-159, 2000.

環境省：小笠原の自然再生に向けて 外来植物「アカギ」の駆除事業の開始，2007. http://ogasawara-info.jp/pdf/panphlet/panphlet_kankyou2.pdf（2013年11月15日確認）

国立環境研究所：侵入生物データベース．http://www.nies.go.jp/biodiversity/invasive/（2013年12月27確認）

MacArthur, R. : *Theor. Popul. Ecol.*, **1**, 1-11, 1970.

McKay, J. K., Christian, C. E., Harrison, S. and Rice, K. J.：*Restor. Ecol.*, **13**, 432-440, 2005.
村中孝司：保全生態学研究，**13**，89-101，2008.
村中孝司：外来生物の生態学（種生物学会編），pp. 25-37，文一総合出版，2010.
中田政司・伊藤隆之：保全生態学研究，**8**, 169-174，2003.
Nishida, T., Yamashita, N., Asai, M., Kurokawa, S., Enomoto, T., Pheloung, P. C. and Groves, R. H.：*Biol. Invasions*, **11**, 1319-1333, 2009.
農林水産省植物防疫所：平成 24 年（2012 年）植物検疫統計 輸入植物品目別・国別検査表 栽植用種子，2012. https://www.pps.go.jp/TokeiWWW/view/report/index.html（2013 年 12 月 27 日確認）
大河内勇：地球環境，**14**，3-8，2009.
Oreska, M. P. J. and Aldridge, D. C.：*CAB Rev. Pers. Agric. Vet. Sci. Nutr. Nat. Res.*, **6**, 049, 1-12, 2011.
長田武正：原色 日本帰化植物図鑑，保育社，1976.
Pheloung, P. C., Williams, P. A. and Halloy, S. R.：*J. Environ. Manag.*, **57**, 239-251, 1999.
Pyšek, P., Richardson, D. M., Rejmanek, M., Webster, G. L., Williamson, M. and Kirschner, J.：*Taxon*, **53**, 131-143, 2004.
Rejmanek, M. and Pitcairn, M. J.：Turning the Tide：the Eradication of Invasive Species（Veitch, C. R. and Clout, M. N. eds.）, pp. 249-253, IUCN, 2002.
Schierenbeck, K. A. and Ellstrand, N. C.：*Biol. Invasions*, **11**, 1093-1105, 2009.
Simberloff, D. and Gibbons, L.：*Biol. Invasions*, **6**, 161-172, 2004.
Standards Australia：National Post-Border Weed Risk Management Protocol, Standards Australia, Sydney and Standards New Zealand, 2006.
Timmins, S. M. and Owen, S. J.：Weed Risk Assessment（Groves, R. H., Panetta, F. D. and Virtue, J. G. eds.）, pp. 217-227, CSIRO Publishing, 2001.
鷲谷いづみ：オオブタクサ，闘う―競争と適応の生態学，平凡社，1996.
Williams, P. A.：Ecology and Management of Invasive Weeds（Conservation Sciences Publication No. 7）, Department of Conservation, 1997.
Williamson, M.：Biological Invasions, Chapman & Hall, 1996.
山下直子：外来種ハンドブック（日本生態学会編），地人書館，p. 205, 2002.
米倉浩司・梶田 忠（2003-）「BG Plants 和名-学名インデックス」（YList）. http://bean.bio.chiba-u.jp/bgplants/ylist_main.html（2013 年 12 月 27 日確認）

●コラム● イチビ——作物型と雑草型の存在

　イチビはアオイ科の一年生草本であり，ボウマ，キリアサなどの別名が多数ある．これは古くから繊維作物として利用されてきたことに由来するのだが，一方で1980年代後半からは，飼料用トウモロコシ畑における強害雑草として猛威を振るっている．このように，イチビは繊維作物と強害雑草という2つの「顔」をもつ興味深い植物である．

　繊維作物としての歴史は古く，平安時代にとりまとめられたとされる『本草和名』にもその名が示されている．イチビはジュートやアサが栽培できないような土地でも栽培することができ，それらの代替作物として全国各地で普通に栽培されていたようで，化学繊維が実用化されるまでは，人々の暮らしに欠かせない繊維作物として非常に重要な役割を担ってきた．昭和初期の工芸作物の教科書にも詳しく記載されるなど，比較的近年まで栽培されていたことがうかがわれる．

　もう1つの「顔」である強害雑草としてのイチビは，前述のように主に飼料用トウモロコシ畑で被害をもたらし，今や北海道から九州まで全国の飼料畑に蔓延し大きな問題となっている．主な雑草害としては，競合による減収，繊維質の茎による機械収穫作業の阻害である．さらに特有の臭いがあるため，乳牛が飼料に混入したイチビを食べると，それが牛乳中に移行するのではないかという懸念も大きい．種子休眠性が強く，不斉一に発生するため防除が困難であることに加え，土中での種子寿命も50年以上とされており，いったん蔓延した圃場で駆除することは非常に難しい．

　このように繊維作物としての古い歴史をもつ有用植物であったイチビが，突然1980年代後半に強害雑草となったのは，輸入飼料への種子混入による新たな外来系統の侵入が原因であることが明らかとなっている．繊維作物として栽培されていたものを含め世界中で採集されたイチビの遺伝資源について，生態的・遺伝的特性を調べた研究では，イチビには大きく栽培型と雑草型が存在することが示されている（Kurokawa et al., 2003a, b；Kurokawa et al., 2004）．同種で作物の特性をもつものと雑草の特性をもつものの両方があるため，「雑草」の特性を理解するのに非常に有用な教材である．

　栽培型と雑草型の生態的特性の違いは，表Aに示すように，種子休眠性の有無，開花期間，種子生産性，分枝性などであり，それぞれの「立場」で非常に重要な役割をはたしている．種子休眠性は，作物では「ない」ほうが望ましく，雑草では絶滅回避のために必要である．また開花期間は，作物では採種性を高めるため短期集中が望

5. 攪乱条件化における雑草群落の反応

表A 栽培型および雑草型イチビの生態特性の違い

生態型	種子休眠性	非競合下での草高	分枝性	開花始期	開花期間	種子生産性
栽培型	ほぼなし	高い	少ない	遅い	短い	少ない
雑草型	あり	低い	多い	早い	長い	多い

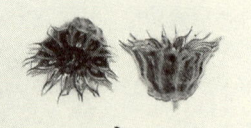

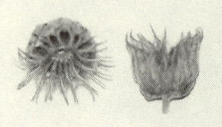

図A 栽培型・雑草型イチピの成熟さく果の色の違い
左：雑草型，右：栽培型．

ましく，雑草としてはリスク回避のため長期間のほうがよい．さらに，分枝性が少ないほうが長い繊維をとるのに有利だが，雑草では多いほうが種子生産性を高めるのに有効に働く，といった具合である．

栽培型と雑草型では遺伝的にも大きく異なり，葉緑体 DNA レベルでも大きく分化していることが確認されている．また，形態的にも成熟さく果が雑草型で黒変するのに対して，栽培型は黒変しない（図A）．交配実験によると，黒変するものがしないものに対して優性であることもわかっており，栽培型の系統維持のための形態マーカーとして利用されていた可能性もある．

以上のように，イチビは繊維作物としての長い歴史をもち，さらに近年の強害雑草としての重要性など，人の生活に深く関わる植物である．一方で，野生植物を中心に採集されていると思われる標本庫の標本ラベルには「非常に稀」などの記載が目立ち，人の手がかからない場所で自然に生育することはほとんどないことがうかがえる．これからも，人の生活の変化とともにイチビもその姿を変えて進化し続けるのかもしれない．

［黒川俊二］

●引用文献●

Kurokawa, S., Shimizu, N., Uozumi, S. and Yoshimura, Y.: *Weed Biol. Manag.*, 3 (1), 28-36, 2003a.

Kurokawa, S., Shimizu, N., Uozumi, S. and Yoshimura, Y.: *Weed Biol. Manag.*, 3 (3), 179-183, 2003b.

Kurokawa, S., Shibaike, H., Akiyama, H. and Yoshimura, Y.: *Heredity*, 93, 603-609, 2004.

●コラム● 輸入穀物とともに持ち込まれるライグラス種子

　種子散布は，植物が新たな生育地に分布を拡大する手段の1つである．種子を遠くへ飛ばすために，植物はさまざまな工夫をこらしている．タンポポのように果実に冠毛をつけて風に飛ばす，ツリフネソウのように種子の入った果実をはじけさせた勢いで種子を飛ばす，オオオナモミのように果実にたくさんの刺を生やし，動物などの毛皮に果実をくっつけて種子を運んでもらうなど，例を挙げればきりがない．
　ところが，そのような散布器官がない植物もいる．ライグラスと呼ばれるイネ科ドクムギ属の草本（ネズミムギ，ホソムギ，ボウムギ）もその1つである．これら3種は他殖性で互いに交雑し雑種をつくり，種の識別が困難となっているため，ここでは3種をまとめてライグラスと呼ぶことにする．ライグラスは長さ5〜10 mm，幅2 mmの細長い種子をつけ，熟すと親個体の周囲に落下する．落下した種子は，種子を餌にしているアリが運び去ったり，雨水で流されたりすることはあるが，移動距離はわずかなものだと考えられる．
　だが，人間の生活と密接に関わることにより，移動距離は格段に広がった．ライグラスの原産地は地中海沿岸から西アジアだが，飼料価値が高く栽培しやすい牧草として，世界各地に導入されて利用されている．
　また，人間が意図的に種子を移動させる場合だけでなく，意図せず大量の種子を移動させてしまう場合もある．輸入穀物（トウモロコシ，コムギ，オオムギなど）に混入する雑草種子がその例である．畑にはさまざまな雑草が生え，作物の収穫時期にちょうど結実期を迎えた雑草の種子は，作物とともに収穫される．穀物は異物を取り除くためにクリーニング（穀物以外の物質を機械で取り除く作業）を受けるが，すべての異物を完全に取り除くことはできない．例えば，カナダから日本へ輸入されたコムギには，1 kgあたり平均170個のコムギ以外の植物の種子が混入していた（Shimono and Konuma, 2008）．これは重さにするとわずか0.2％程度だが，2012年のカナダコムギの輸入量144万トン（貿易統計）を掛け合わせると，毎年膨大な量の雑草種子が日本に持ち込まれていることがわかるだろう．このように，穀物貿易は外来雑草の非意図的な侵入経路の1つとして認識されている．
　そして穀物の積み降ろしを行う港へ行って観察すると，穀物からこぼれ落ちた種子から発芽したと考えられる植物が生育していることがわかる．畑でもないのに港の路傍にコムギやオオムギが生えていることがあるが，これはこぼれ落ち種子由来のわかりやすい例であろう．

5. 攪乱条件化における雑草群落の反応

　さて，実はライグラスも輸入コムギに混入して大量に日本に持ち込まれている雑草の1つで（Shimono et al., 2010），穀物輸入港にも多数生育している（図A）．もともと牧草として導入されたライグラスが穀物畑に侵入して問題雑草となり，その種子が穀物に混入して持ち込まれているのである．日本でもコムギ畑や路傍，河川敷で野生化したライグラスをみることができるのだが，港に生育しているライグラスは輸入穀物からのこぼれ落ち種子由来といえるのだろうか？　ライグラスは港に限らずさまざまな場所に生育しているため，港近傍に生えているからといって，こぼれ落ち種子由来と結論づけるのは難しい．

図A　港の近くの道路に生育するライグラス

　しかし遺伝子型を調べてみると，輸入穀物混入種子には牧草などに使われる栽培品種にはみられない特徴がある．その1つが，除草剤抵抗性をもたらす遺伝変異（5.1節参照）である．除草剤抵抗性雑草の蔓延は，除草剤を使用して雑草防除を行っているすべての国が直面している問題であり，アメリカ合衆国，カナダ，オーストラリアといった日本の主な穀物輸入相手国も例外ではない．特に西オーストラリアのコムギ耕作地帯では，農耕地の90％近くで抵抗性ライグラスが発生している（Owen et al., 2007）．

　では，西オーストラリアから輸入されたコムギの中にはどれくらい抵抗性ライグラスの種子が混じっているのだろう．寒天培地にオーストラリアでよく使われている4種類の除草剤を混ぜ，そこにライグラスの種子を播いて根の伸び具合を測定した．除

草剤感受性の個体はほとんど根を伸ばせないのに対し，抵抗性の個体の根は旺盛に伸長する．この根の伸び具合から抵抗性個体の割合を算出したところ，アミノ酸の生合成に関わる ALS（アセト乳酸合成酵素）の働きを阻害する除草剤に対する抵抗性の種子は約 60％，脂肪酸の生合成に関わる ACCase（アセチル-CoA カルボキシラーゼ）の働きを阻害する除草剤に対する抵抗性の種子は約 30％見つかった（Shimono et al., 2010）．

穀物輸入港に生育しているライグラスを調べてみると，これらの除草剤に対する抵抗性の個体が見つかり，その頻度は港から離れると低下する．栽培品種にはこのような遺伝変異はみられないこと，日本では港のような非農耕地では ALS 阻害剤や ACCase 阻害剤は使われないことから，除草剤抵抗性の個体は輸入穀物からのこぼれ落ち種子由来と考えられるのである．

人間がつくり出した環境にうまく適応して生育している雑草は，人間活動の影響を受けてその分布を大きく変化させている．新天地に適応して拡大していく種もいれば，たくさんの種子が持ち込まれているにも関わらず，繁栄できない種もいる．身近な環境で雑草をみたときには，それがどのようにしてそこにたどりついたのか，思いを巡らすのも楽しいだろう．

［下野嘉子］

● 引用文献 ●

Owen, M. J., Walsh, M. J., Llewellyn, R. S. and Powles, S. B.：*Aust. J. Agric. Res.*, **58**（7），711-718, 2007.
Shimono, Y. and Konuma, A.：*Weed Res.*, **48**（1），10-18, 2008.
Shimono, Y., Takiguchi, Y. and Konuma, A.：*Weed Biol. Manag.*, **10**（4），219-228, 2010.

事項索引

ABA 70
ACCase 121,146
alien plant 4
ALS 121,146
C_3 植物 14
C_3 型光合成回路 14
C_4 型光合成 15
CAM 15
C-S-R 戦略説 42
colonizer 4
dominants 77
enemy release 136
GA 70
guerrilla 80
index of dominance 79
ITS 領域 11
naturalized plant 4
NCED 70
PEPC 15
perturbation 76
phalanx 80
phyA 73
phyB 72
propagule pressure 136
r-K 選択説 43
r 戦略型 43
resilience 76
resistance 76
RNA 干渉 117
ruderal 4
subordinates 77
transients 77
unconstrained 80
volunteer crop 125
weed 1
weed shift 118

あ 行

赤米 38
アセチル-CoA カルボキシラーゼ 146
アセチル-CoA カルボキシラーゼ阻害剤 121
アセト乳酸合成酵素 146
アセト乳酸合成酵素阻害剤 120
亜熱帯型 88
アブシシン酸 70
アポミクシス 57
アミノ酸置換 122
アレロパシー 33
安定性 76,78
アンモニア態窒素 27

維管束鞘細胞 15
移行性除草剤 118
移住者 4
一塩基置換 124
一時帰化植物 132
一次休眠 66
一次散布 63
一時滞在種 77
一年生雑草 52
一年生草本期 83
一回繁殖型草本 56
一発処理剤 128
遺伝資源 7
遺伝子浸透 116
遺伝子増幅 122
遺伝子の多面発現 124
遺伝子流動 125
意図的導入 135
陰葉 18

植えマス 46

栄養塩 26
栄養塩吸収能力 28,30
栄養成長 54
栄養繁殖器官 59
越冬芽 127
越年生雑草 52
遠赤色光 12,72
遠赤色光-高照射反応 73

横走根 60
オキシゲネーション 14
オーキシン 17
温暖化 88

か 行

開花期間 143
開花時期 115
開花前自家受粉 58
開花フェノロジー 115
塊茎 59
下位種 77
改変者 132
開放花 48,57
外来系統 143
外来雑草 131
外来種 31
外来植物 4,37,131
外来生物法 131
化学生態学 33
攪乱 43,114
攪乱依存型 43
攪乱条件 3
花成誘導刺激 55
風散布 65
風散布型 92
可塑性 26
活性酸素 16
カバークロップ 105
花粉アレルギー 2
可変性冬生一年草 72
可変性二年草 53

事項索引

カルシウム　27
カルビン-ベンソン回路　14
カルボキシル化反応　14
環境休眠　66
環境要因　28
乾物増加量　30
寒冷地型　88

帰化植物　4,132
気孔　24
気候生態型　88
疑似一年草　53
希少雑草　106
擬態　9
擬態性　86
球茎　59
休眠　127
休眠解除　17
休眠覚醒　127
休眠サイクル　66
強害雑草　143
競合　33
競争　42
競争型　43
共通農業政策　109
許容限界量　2
近縁野生種　7,125
近交弱勢　57

草丈　77
クリプトクロム　17
グリホサート　124
グリホサート耐性遺伝子組換え
　　作物　121,124
クロロフィル　14
クローン　62

畦間処理　95
形態マーカー　144
畦畔　91
血縁度　63
ゲリラ型　80
現存量　77

高温発芽阻害　70
光化学系　14,16
光屈性　17
高茎種　82
光合成有効放射　12
高山植物　114

高山・亜高山帯　114
光周性　17
耕地雑草　3,104
光発芽　72
光発芽性種子　17
光量子　13
小型雑草　2
国内外来生物　131
コスモポリタン　45,101
固定転作　90
米ヌカ　39
根茎　59
混合剤　117
根絶　137

さ　行

サイズ依存的繁殖　55
サイズ頻度分布　21
栽培型　143
在来植物　132
作物・雑草複合　125
雑種　89,114
雑草　1,132
『雑草學・全』　2
雑草型　143
雑草性　26
作用機構　117
酸素化反応　14
自家不和合性植物　11
自家和合性　57
資源植物　6
自殖　57
史前帰化植物　48
自然突然変異　120
持続的集約農業　104
シトクロム P450　122
シードシャドー　64
ジベレリン　70
重力散布　91
珠芽　60
種子休眠　66,143
種子サイズ　4
種子散布　63
種子少産型多年生草本期　83
種子多産型多年生草本期　83
出現頻度　31
春化　50
馴化（順化）　18
条件休眠　66

硝酸態窒素　27
小穂　86
初期休眠　127
植栽密度　77
植生調査　94
除草剤　40,117
除草剤耐性作物　90,124
除草剤抵抗性　108,118,128,
　　146
真性冬生一年草　71
真性二年草　53
陣地拡大型　79
陣地強化-拡大型　80
陣地強化型　79
侵入段階　135
シンメチリン　40
侵略的外来植物　28
侵略の植物　132
侵略的水生雑草　31

水質浄化能力　30
水生雑草　2
水生植物　23
水中栄養塩濃度　32
水田型　50
水田畦畔雑草　68
水田雑草　93,127,129
スタック品種　124
ストレス　42
ストレス耐性型　43
ストロン＝匍匐茎
スルホニルウレア系除草剤
　　120,128,130

制圧作物　37
生活型　23
生活環　52
生活史特性　42
生殖成長　54
生態の立地　44
生物多様性　116
生物多様性のための100 圃場プ
　　ログラム　111
生理活性物質　40
生理的統合　62
赤色光　72
絶滅危惧種　68
セーフサイト　81
繊維作物　143
選択性除草剤　118

149

事項索引

総合的雑草管理　100
相対成長率　4
祖先野生種　7, 125

た 行

耐陰性　4
耐冠水性　25
耐乾燥性　25
多回繁殖型草本　56
他殖　57
脱黄化　17
多年生雑草　52
短日性植物　55
遅延自家受粉　58
地下茎　59
窒素　27
窒素固定能力　84
窒素・リン吸収量　30
中茎種　82
中耕　98
抽水植物　23
中性植物　55
頂芽優勢　60
長日性　8
超低光量反応　73
直播栽培　92
地理的変異　86
沈水植物　24

通年生一年草　53
使い分け型　80

低茎草　81
低光量反応　72
抵抗力　76
定着適地　80
適応戦略型　43
適応の可塑性　61
適応度　42, 123
適応力　24
転作田　90
天敵　104
田畑共通雑草　93
田畑輪換　90

導入後雑草リスク管理手法　138
導入前雑草リスク評価手法　138

動揺　76
特定外来植物　28
土壌硬度指数　84
土壌富栄養化　107
トランスポゾン　122
トリアジン系除草剤　120
トレードオフ　58

な 行

内部形態　24
夏生雑草　52, 66
難防除雑草　95

二次休眠　66, 97, 127
二次散布　63
二次遷移　83
二次代謝物質　34
日長反応性　54
二年生雑草　52
二年生草本期　83

農業環境施策　110
農業管理放棄　109
『農業余話』　1
農地生態系　77

は 行

バイオマス　10
畑雑草　93
畑地型　50
発芽　127
発芽戦略　67
発芽適温　97
半澤　洵　2
繁殖様式　57
反応中心　14

ビアラホス　40
非意図的導入　135
避陰応答　17
被害緩和　138
光屈性　17
光呼吸　14
光馴化　18
光阻害　16
光発芽　72
光発芽性種子　17
光補償点　18
非選択性除草剤　90, 118
微動遺伝子　122

人里植物　4, 93
非農耕地　109
皮膚炎　2
被覆植物　37
表現型可塑性　54, 58
品種改良　107

ファランクス型　80
フィトクロム　17
フィールドマージン　109
封じ込め　138
富栄養化　26
フォトトロピン　17
復元力　76
複合抵抗性　121
不耕起栽培　93, 98
普通型　88
踏みつけ　44
浮遊（漂）植物　24
冬生雑草　52, 66
浮葉植物　23
フルリドン　71
フローサイトメトリー分析　10
ブロックローテーション　90
分枝性　144

閉鎖花　49, 57
ヘッドランド　109
ベンケイソウ型酸代謝　15
ベンタゾン液剤　95

萌芽　127
ホスホエノールピルビン酸カルボキシラーゼ　15
母性遺伝　122
匍匐茎　59, 61

ま 行

埋土種子　68, 127
埋土種子集団　91
マルチ　38

無限繁殖型　50, 58
無配偶生殖　45

メソトリオン　40
メンター効果　11

モゲトン　40
モジュール　62

や 行

優占種　77
優占性の指標　79
優占度　31
優占度-順位関係　78
輸入穀物　145
輸入飼料　143

葉肉細胞　15
葉柄長　61
葉面積　77
陽葉　18
葉緑体　14

葉緑体DNA　11,144
葉緑体運動　17
葉緑体ゲノム　122
予防　137

ら 行

ラメット　62

陸生型　26
リスクの分散　66
リスク評価　137,140
リブロースビスリン酸カルボキ
　　シラーゼ/オキシゲナーゼ
　　14

両賭け戦略　58,67
リン　27
鱗茎　59

ルビスコ　14

連作障害　33

ロゼット　55

植 物 名 索 引

Spartina anglica　134

あ 行

アカギ　131
アゼオトギリ　68
アレチウリ　134

イチビ　143
イヌビエ　69
イヌホタルイ　65,127

エゾミソハギ　134

オオバコ　114
オオブタクサ　133
オギ　10

か 行

カモガヤ　82

コナギ　129
コハコベ　50,72

さ 行

シバ　81

ジャイアントミスカンサス　10
シロイヌナズナ　71

ススキ　10
スズメノカタビラ　45,101
スズメノテッポウ　50
スブタ　8

ソバ　38

た 行

タイヌビエ　86
タカサブロウ　65
タルホコムギ　8

チガヤ　81,88

ツクシスズメノカタビラ　101
ツノミチョウセンアサガオ　73

トゲヂシャ　8

な 行

ナガエツルノゲイトウ　134

は 行

ヒメムカシヨモギ　65

ホタルイ　127
ホテイアオイ　24

ま 行

ミズアオイ　65,129
ミズオオバコ　8
ミズタカモジ　8
ミドリハコベ　50,69

メヒシバ　91

や 行

ヤナギスブタ　8

ヨシ　83

ら 行

ライグラス　145

レタス　71

編著者略歴

ね　もと　まさ　ゆき
根 本 正 之

1946年　東京都に生まれる
1978年　東北大学大学院農学研究科
　　　　博士課程修了
現　在　東京大学大学院農学生命科学
　　　　研究科附属生態調和農学機構
　　　　特任研究員
　　　　農学博士

とみ　なが　　とおる
冨 永　達

1955年　京都府に生まれる
1980年　京都大学大学院農学研究科
　　　　修士課程修了
現　在　京都大学大学院農学研究科
　　　　教授
　　　　農学博士

身近な雑草の生物学　　　　　　　　　定価はカバーに表示

2014年3月25日　初版第1刷
2015年2月20日　　　第2刷

編著者　根　本　正　之
　　　　冨　永　　　達
発行者　朝　倉　邦　造
発行所　株式会社　朝　倉　書　店
　　　　東京都新宿区新小川町 6-29
　　　　郵便番号　162-8707
　　　　電話　03(3260)0141
　　　　FAX　03(3260)0180
　　　　http://www.asakura.co.jp

〈検印省略〉

ⓒ 2014〈無断複写・転載を禁ず〉　　　　真興社・渡辺製本

ISBN 978-4-254-42041-8　C 3061　　Printed in Japan

JCOPY 〈(社)出版者著作権管理機構 委託出版物〉

本書の無断複写は著作権法上での例外を除き禁じられています．複写される場合は，
そのつど事前に，(社)出版者著作権管理機構（電話 03-3513-6969, FAX 03-3513-
6979, e-mail: info@jcopy.or.jp）の許諾を得てください．